中国古建筑营造技术丛书

明清古建筑概论

董　峥　主编

U0177441

中国建材工业出版社
北　京

图书在版编目（CIP）数据

明清古建筑概论/董峥主编 . --北京：中国建材
工业出版社，2024.1
（中国古建筑营造技术丛书）
ISBN 978-7-5160-3868-0

Ⅰ.①明… Ⅱ.①董… Ⅲ.①古建筑－建筑艺术－研
究－中国－明清时代 Ⅳ.①TU-092.4

中国国家版本馆 CIP 数据核字（2023）第 208442 号

内 容 简 介

本书是古建筑工程技术专业的入门教材，内容以北方官式古建筑为主，包括古建筑从业者必知必会的各工种基础知识。本书采用新颖的活页教材形式，授课或自学时，可携带某一项目的工作页，按推荐路线展开工作。书中有图片和可播放的视频，通过现场或线下教学，观察建筑实物并完成练习。书中内容覆盖古建筑考试中的专业知识点，适合古建筑工程技术专业以及建筑学、历史学、艺术设计、文物与博物馆、旅游等专业的学生学习，也可供广大中国传统建筑文化的爱好者参考。

明清古建筑概论
MINGQING GUJIANZHU GAILUN
董 峥 主编

出版发行：中国建材工业出版社
地　　址：北京市海淀区三里河路 11 号
邮　　编：100831
经　　销：全国各地新华书店
印　　刷：中煤（北京）印务有限公司
开　　本：787mm×1092mm　1/16
印　　张：13
字　　数：300 千字
版　　次：2024 年 1 月第 1 版
印　　次：2024 年 1 月第 1 次
定　　价：58.00 元

本书编委会

主　编　董　峥

编　委　刘万深　王红梅　刘　昱

　　　　陶雅鑫　王　雯　韩永艳

顾　问　刘全义　万彩林

序

⟡⟡⟡

党的十八大以来，文物保护事业得到了高度重视，建立大国文化自信也受到了越来越广泛的社会关注。但古建筑行业面临着古建工程技术人才匮乏、工艺失传、从业人员水平良莠不齐、古建筑工程质量难以保障等一系列的困难。有资质的工程队伍匮乏与古建筑保护任务繁重的矛盾日显突出。在社会各界大力呼吁"传承人"制度化、规范化的背景下，培养一批具备专业技能的古建筑工匠，造就一批传承传统营造"大师"，已成为古建筑行业发展的客观需求与必然趋势。

我过去的工作单位（原北京市房地产职工大学，现北京交通运输职业学院）早在1985年就创办了中国古建筑工程专业，培养了成百上千名的古建筑专业人才。现在这些学生已分布在全国各地，成为各地古建筑研究、设计、施工、管理单位的骨干力量。我在担任学校建筑系主任期间，就依靠校企合作培养专业人才，与北京房修二古代建筑工程有限公司的边精一等老师，根据行业需要，编辑出版了古建筑行业的教材，获得了良好的口碑和市场反馈。

董峥老师编写的《明清古建筑概论》活页式教材，适应了古建筑专业高等职业教育的教学需要，该教材是他从教学实践中总结出的经验，是比较成熟的、适用于古建筑初学者的教材。知识的积累只有在实践、认识、再实践、再认识的循环往复中才能得到升华并为实践服务。我是一个有60余年经验的建筑教育工作者，回顾自己的成长过程，深感实践在人们获得知识过程中的重要性。

现场教学是古建筑教育的第一步，这是多年来教学活动所验证的唯一正确途径。在董峥还是学生时，我带着他及其他学生走遍了北京的古建筑群，走过了山西、陕西大部分知名的古建筑，也走过了苏州、杭州经典的南方园林。董峥老师所编写的这本活页式教材是一次很好的教学探索，必将在教学实践活动中逐渐成熟完善，形成一套完整的教学模式。

值此古建筑专业活页式教材出版之际，我代表本教材编委会，感谢所有参与过本教材出版工作的人，感谢所有关注、关心古建筑营造技术传承的领导、同仁和朋友！古建筑保护与修复人才培养的任务是艰巨的，传统营造技艺传承的路途是漫长的。希望这本活页式教材，在古建筑人才入门的道路上发挥更大的作用，我期待着它的出版面世。

2023 年 5 月

前　言

　　古建筑技术是一门手艺，师徒之间的口传心授，坚守着文化的传承。20世纪30年代梁思成先生编写《清式营造则例》一书，行业里很多人通过这本书学习了古建筑知识和理论，它标志着古建筑专业教学在我国已经有近百年历史了。20世纪70年代初，北京房管系统成立"七二一工人大学"，开办了古建培训班；1985年北京市房管局职工大学创办"中国古建筑工程"专业；2010年成立北京交通运输职业学院，古建筑专业教学工作薪火相传，培养了一代又一代技术传承人。

　　边精一古建营造大师工作室在人才培育、资源共享、技术创新、社会服务等方面发挥了重要作用。在大师引领下，校企合作共同进行教材建设，编写了这本《明清古建筑概论》活页式教材。20多年以来，我追随着刘全义、刘大可、孟志贤等老师带领学生在公园、博物馆等古建筑环境中授课的脚步，感受传统文化的内涵，亲手触摸文物，汲取历史的精华和厚重。

　　"古建筑概论"是古建筑工程相关从业者的入门课程。课程培养的职业能力目标是能区分古建筑类型，辨识各种古建构件，正确书写古建筑中的各类名称，了解基本施工顺序。本书分8个项目，项目一为基础知识；项目二至项目六按照施工流程介绍古建筑土作、石作、木作、瓦作、油漆、彩画作知识；项目七为民居基础知识；项目八是其他补充知识。书中内容覆盖了各类古建筑考试中的专业知识。

　　本书项目一至项目七，每个项目都有一个主题，按授课线路学习古建筑知识，学习者携带某个项目的活页，安排4～6学时进行实践学习。每到一个任务点，先观察古建筑本体，再阅读活页上的知识，通过个人或分组的学习实践活动，按要求完成练习。学习过程中可扫描书中的二维码听取课程讲解。项目学习完毕后进行个人、小组、授课教师的评价，综合评定学习效果。课后，可以结合本书PPT和网课视频进行巩固和拓展学习。

　　我毕业后留校任教20多年，成长过程离不开各位老师和校友的帮助。特别是依托边精一大师工作室的建设，取得了丰硕的教学成果。本教材融入了众位老师的教学经验，例如，编委会中刘万深老师加强企业合作，王红梅老师融入教学创新，刘昱老师组织教学线路，陶雅鑫老师负责课程思政，王雯老师推进教学评价改革，韩永艳老师负责学生活动，顾问刘全义老师和企业专家万彩林老师进行专业把关并对书稿进行审核。

　　在这里我要特别感谢刘全义老师在耄耋之年为"中国古建筑营造技术丛书"的辛勤付出；感谢中国建材工业出版社对古建筑活页式教材出版的支持；感谢故宫博物院和北京市公园管理中心及其下属各公园的支持；感谢北京交通运输职业学院田维民、贾东清、高连生、田阿丽、陶静川、徐立起、刘万深等老师对古建筑专业蓬勃发展付出的努力；感谢古建筑专家王希富、马炳坚、刘大可、边精一、夏荣祥、万彩林、薛玉宝、汤崇平、贺喜、卢立辉等的鼓励和帮助。

　　古建筑博大精深，传承各有千秋，书中以明清时期北方官式古建筑常用知识为主，部分知识未录其中。因本人水平有限，如有需要补充订正之处，还望不吝赐教。

编　者

2023 年 5 月

配套资源请扫描二维码下载领取

目　　录

项目一 古建筑基础知识

教学目标

通过北海公园北岸古建筑群的学习，识记古建筑基础名词，学会使用专业术语描述古建筑。

扫码听微课

学习路线

项目一学习地点在北海公园北岸，从【甲】北海公园北门进入公园沿北岸向西，途经【乙】碧鲜亭、【丙】静心斋、【丁】西天梵境、【戊】仿膳饭庄、【己】快雪堂、【庚】五龙亭和小西天，完成项目一的学习任务如图 1-1 所示。

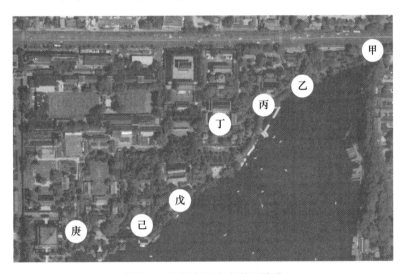

图 1-1 北海公园北岸学习线路

课程导入

中国古建筑博大精深，造型各异。北海公园北岸集中了大量的古建筑群，每一个院落都是由多个单独的建筑个体组成的。每个单独的古建筑个体称为古建"单体"。

一部分重要的古建筑单体有自己的名字，比如天安门，如图 1-2 所示。"天安门"是这个古建单体的名称，名称是可以改变的，天安门在明朝始建时叫"承天门"。

作为古建筑专业从业人员，除了要记住古建筑单体的名称外，还必须掌握使用古建筑专业术语描述古建单体的能力。

图 1-2　天安门

【乙】碧鲜亭

由北海公园北门进入公园，沿北岸向西行走至碧鲜亭，如图 1-3 所示。

图 1-3　碧鲜亭

任务一　单体开间

1. 一个古建筑独立的个体称为"古建筑单体"，碧鲜亭就是一个古建筑单体。

2. 在下方田字格中书写繁体字的"間"，通过书写"間"字和观察碧鲜亭实物，完成第 1 题至第 4 题。

扫码听微课

3. "开间"是建筑单体中的最小单位，一个古建筑单体往往是由很多个开间组成。

4. 形容古建筑单体时，前面要加上开间数量，如"几开间单体"，完成第 5 题。完成本项目之后可以称呼碧鲜亭为什么单体？完成第 6 题。

> **古建筑文化：**中国传统汉字是自上而下，从右向左书写的。悬挂于古建筑匾额上的汉字，大多是从右向左阅读的。

📖 练习题

1. 观察碧鲜亭实物，一个开间由_____个柱子组成。

2. 通过"間"字两侧，可以看出房屋两侧应有_____。

3. "間"字上方的图形表示，房屋应有_____。

4. "間"字中间的"日"表示，适合人们居住的房屋应有_____。

5. 至此，描述碧鲜亭的开间数量可以称碧鲜亭为_____。

6. 在项目一完成后，补全对碧鲜亭的描述_____。

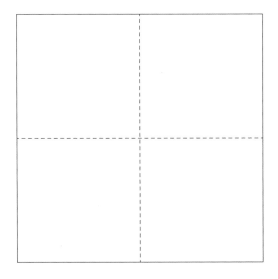

【丙】静心斋

从碧鲜亭向西行至静心斋，静心斋大门如图 1-4 所示。

图 1-4　静心斋大门

任务二　多开间单体

扫码听微课

1. 静心斋大门是由多个开间组成，完成第 1 题。从静心斋大门可以看出"间"字的大门和两侧的墙体。

2. 单个开间由四根柱子组成，思考三个开间由几根柱子组成。绘图练习的四个圆点代表中间开间的四根柱子，在两侧补全三个开间的其他柱子。

3. 描述静心斋大门的开间数量，完成第 2 题。

练习题

1. 静心斋大门由 _____ 个开间组成，中间的开间是 _____ ，两侧的开间是 _____ 。

2. 静心斋大门可以描述为 _____ 。

📖 **绘图练习**

　　三开间的房屋，在中间开间的左侧和右侧各加两根柱子就可以，中间的四根柱子在两侧是共用的。所以三开间房屋用八根柱子。

　　古建筑文化：前后两根柱子上有梁，三个开间共有四根梁八根柱子，这就是俗语中"四梁八柱"的由来。四梁八柱这十二根木头就是盖三间房最基础的木材材料。

【丙】静心斋

　　4. 画静心斋大门的平面图

　　观察静心斋大门外侧有两排柱子，这两排柱子之间就是廊。静心斋大门前后都有廊，共有十六根柱子，所以静心斋大门是前后出廊的建筑形式。

　　绘制这十六根柱子，并在柱子上画上轴线，这种平面图称为古建筑"柱网图"。

📖 **绘图练习**

　　绘制静心斋大门的柱网图。

【丙】静心斋

5. 结合梁思成先生《清式营造则例》中古建筑平面图，如图1-5所示。学习与古建筑开间相关知识。

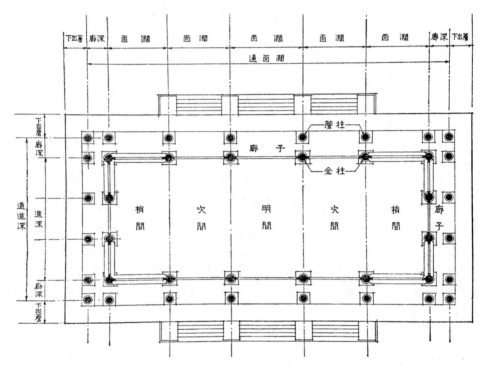

图1-5 《清式营造则例》中的古建筑平面图

（1）明间：明间是房屋正中的开间，大多数建筑左右对称，开间以单数居多。

（2）梢间：梢间是房屋两侧的开间，"梢"是树梢末端的意思。

（3）次间：次间是位于明间两侧以外，梢间以内的开间。

（4）面阔：房屋开间方向称为面阔方向、面宽方向。因为面阔方向多出房檐，有时也用"檐面"形容面阔方向。图1-5中从左到右，所有开间面阔的总和称为"通面阔"。

（5）进深：平面是矩形的房屋，与面阔方向相对，房屋深度方向称为进深方向。因两侧多为山墙，有时也用"山面"形容进深方向。图1-5中从前到后，所有步架进深的总和称为"通进深"。

（6）廊：图1-5中廊的形式是建筑四个方向都有廊，称为"环廊"。在建筑实践中还有不出廊、前后出廊、前出廊后不出廊等多种做法。

练习题

静心斋大门有三个开间，在上页自己手绘的柱网图中，标注出明间、梢间、面阔方向、进深方向、廊。

【丙】静心斋

至静心斋内部，抱素书屋，如图1-6所示。

图 1-6　抱素书屋

任务三　硬山建筑

1. 观察抱素书屋两侧的墙体，这组墙体在建筑单体的山面上，称为"山墙"。

2. 山墙从地面向上砌筑到屋顶，屋面沿面阔方向延伸到山墙上方，具有这种特征的建筑称为"硬山建筑"。

扫码听微课

3. 硬山建筑是古建筑中建筑等级最低的，广泛应用在各类古建筑中。

4. 抱素书屋和静心斋大门都是硬山建筑。按先描述开间数量，再加上建筑形式的方法，如"几开间硬山单体"，完成第1题。

练习题

1. 抱素书屋可称为_____。

2. 画硬山建筑简笔画。

3. 对照实物，指出抱素书屋的明间、梢间、面阔方向、进深方向。

【丙】静心斋

至抱素书屋东侧，向北岸观看罨（yǎn）画轩，如图 1-7 所示。

图 1-7　罨画轩

任务四　悬山建筑

扫码听微课

1. 观察罨画轩的墙体，不是一直砌筑到房屋顶端的，而是砌筑到建筑的一半。

2. 罨画轩的瓦面要比抱素书屋的瓦面更向外侧挑出。像这样屋面向外侧挑出的建筑称为"悬山建筑"。

3. 悬山建筑的等级比硬山建筑等级高，在四合院建筑中，垂花门也是典型的悬山建筑特征。

4. 按描述抱素书屋的方法，罨画轩可称为什么建筑，完成第 1 题。

练习题

1. 罨画轩可称为_____。

2. 比对罨画轩实物，在下方空白处画出悬山建筑正立面图，并标注悬山建筑的特征。

【丙】静心斋

至抱素书屋西侧，向北侧观看沁泉廊，如图 1-8 所示。

图 1-8　沁泉廊

任务五　歇山建筑

1. 观察沁泉廊屋顶的四角，与硬山、悬山建筑有明显的区别。屋面在房屋一角向上翘起的造型称为"翼角"。观察沁泉廊翼角的个数，完成第 1 题。

2. 沁泉廊的屋面的脊，从最高处先向前后延伸，再向四角延伸，这样的建筑称为"歇山建筑"。本项目最开始提到的天安门就是歇山

扫码听微课

建筑。

  3. 歇山建筑属于等级较高的建筑，也是屋脊造型最为复杂的建筑形式。

  4. 使用专业术语描述沁泉廊可以称为什么单体，完成第 2 题。

练习题

  1. 沁泉廊的翼角共有_____个。

  2. 沁泉廊可称为_____。

>   **古建筑文化**：沁泉廊虽然名称是廊，但其并不是一个廊子。学习一个古建筑单体不能只看名字，要从建筑结构入手。翼角的构造复杂向外延伸，体现中国古代建筑曲线美。

【丙】静心斋

  至沁泉廊东侧，向西山上观看枕峦亭，如图 1-9 所示。

图 1-9 枕峦亭

任务六　攒尖建筑

1. 枕峦亭的屋顶是从各角向上集中到建筑物的最高点，这样的建筑称为"攒尖建筑"。使用手机或字典查询"攒"字的读音，完成第1题。

扫码听微课

2. 攒尖建筑和歇山建筑一样也有翼角，另外一些圆形的攒尖建筑不使用翼角。

3. 描述的攒尖建筑时，可以不写开间数量，使用"几角"攒尖建筑的方法描述。数一数枕峦亭是几角亭，完成第2题。

4. 常见的攒尖建筑有四角攒尖、六角攒尖、八角攒尖、圆形攒尖建筑等。

练习题

1. 攒尖建筑中"攒"字的读音是_____（写拼音），枕峦亭可称为_____。

2. 结合身边的文物建筑，有哪些是圆形的攒尖建筑，尝试画一个圆形攒尖建筑的立面示意图。

【丙】静心斋

至沁泉廊内，向上观看沁泉廊内部，如图1-10所示。

图1-10　沁泉廊内部木结构

任务七　大式小式建筑

扫码听微课

1. 观察沁泉廊的木结构，对比之前建筑有何不同。沁泉廊的木结构有"斗拱"，如图 1-11 所示。

2. 在古建筑单体中使用斗拱，则称该建筑为大式建筑；不使用斗拱，则称为小式建筑。但有一些建筑特例，大小式建筑的区分更为复杂，视具体情况分析。

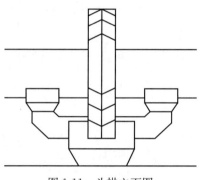

图 1-11　斗拱立面图

3. 观察南侧镜清斋，虽然镜清斋的体量要比沁泉廊大很多，但还是属于小式建筑。简单地说，区分大式小式古建筑，不是看建筑体量大小，而是看是否使用斗拱。

4. 描述古建筑时，应在建筑基本形式之前加上大式或小式。如：五开间大式歇山建筑。描述攒尖建筑时，大式小式加在几角的前面。如：大式四角攒尖建筑。按此方法描述抱素书屋和罨画轩，完成第 2 题。

📖 练习题

1. 画一画，在空白处学画斗拱正立面图。

2. 加上大式小式描述建筑，抱素书屋可称为_____，罨画轩可称为_____，沁泉廊可称为_____，枕峦亭可称为_____。

【丁】西天梵境

出静心斋，向西至西天梵境，大慈真如宝殿，如图 1-12 所示。

图 1-12　西天梵境内大慈真如宝殿

任务八　庑殿建筑与重檐建筑

1. 观察大慈真如宝殿的屋顶，屋脊从最高处出发，直接延伸到建筑物的四角。这样的建筑形式称为"庑殿建筑"，庑殿建筑是等级最高的古建筑形式。

2. 以上已经学习了硬山、悬山、攒尖、歇山、庑殿这五种基本屋面形式，古建筑中还有一些其他建筑形式，在后面的章节中继续学习。

扫码听微课

3. 大慈真如宝殿的建筑形式更为特殊，除了屋顶之外，下层还有一层出檐，上下有两层檐的建筑称为"重檐建筑"。

4. 重檐建筑多见于歇山、庑殿、攒尖建筑，称为重檐歇山、重檐庑殿、重檐攒尖。大慈真如宝殿可称为什么建筑，完成第 1 题。

练习题

1. 大慈真如宝殿可称为_____。

2. 画该大殿正立面示意图。

> **古建筑文化：** 大慈真如宝殿是国内保存较为完整的楠木大殿之一，其木结构使用了楠木作为材料，修缮时采用了"蒸蜡去污、烫蜡保护"的工艺，保留了楠木本色，凸显了新技术在文物保护工程中的应用。

【丁】西天梵境

大慈真如宝殿两侧的配殿，如图 1-13 所示。

图 1-13　大慈真如宝殿两侧配殿

任务九　瓦面基本知识

扫码听微课

1. 观察对比配殿瓦面的颜色，与大慈真如宝殿瓦面的颜色，完成第 1 题。

2. 屋面瓦件可以看到颜色的瓦称为"琉璃瓦"。常见的琉璃瓦颜色有黄色、绿色、蓝色、黑色等。

3. 静心斋内建筑瓦面的颜色，使用的都是灰色瓦面，而不是琉璃瓦。灰黑颜色的瓦称为"布瓦"，因其颜色灰黑，也称为灰瓦、黑瓦、黑活屋面等。

4. 在描述建筑物时，可在单体前加上形容瓦面的名词，如五开间大式歇山黄琉璃建筑单体、三开间小式歇山布瓦屋面建筑单体。在不需要描述屋面时，也可以省略瓦面形式。

加上瓦面形式，描述之前学习的建筑，完成第 2 题。

练习题

1. 大慈真如宝殿瓦面的颜色有_____两种颜色，配殿瓦面颜色是_____色的。

2. 加上描述瓦面的词语，以下建筑可以称为什么建筑单体。

抱素书屋可称为_____。

罨画轩可称为_____。

沁泉廊可称为_____。

大慈真如宝殿可称为_____。

配殿可称为_____。

【戊】仿膳饭庄

出西天梵境，向西行走到仿膳饭庄门口，如图 1-14 所示。

图 1-14　仿膳饭庄大门

任务十　组合体建筑

1. 中国古建筑中还有许多造型各异的建筑，体现着古代工匠高超的营造技艺。仿膳饭庄大门不是一个简单的建筑单体，而是由两个建筑单体形成的组合体。

2. 后面三开间悬山建筑体量较大，是这组建筑的主体建筑。前面单开间悬山建筑体量较小，是这组建筑的次要建筑，称为"抱厦"。

3. 常见抱厦的开间数量少于主体建筑，如：主体建筑五开间带三开间的抱厦。抱厦的位置多在主体建筑的前面，有出厦在两侧或后面的，也有四面出厦的组合体建筑。抱厦的形式也多种多样，有硬山抱悬山的，也有歇山抱歇山的。静心斋中的镜清斋就是五开间歇山后抱三开间歇山的建筑组合体。

4. 描述有抱厦的建筑组合体时，先描述柱体建筑，再加上出厦位置，最后描述抱厦建筑。观察仿膳饭庄大门，画抱厦平面图，并完成练习题。

📖 练习题

仿膳饭庄大门可称为_____。

【己】快雪堂

经仿膳饭庄向西行走，至快雪堂门口。浏览快雪堂，完成阶段测试。

任务十一　阶段测试

1. 第一进院落，澂观堂可以称为什么建筑，如图 1-15 所示，完成第 1 题。

图 1-15　澂观堂

2. 第二进院落，浴兰轩可以称为什么建筑，如图 1-16 所示，完成第 2 题。

图 1-16　浴兰轩

3. 第三进院落，快雪堂可以称为什么建筑，如图 1-17 所示，完成第 3 题。

图 1-17　快雪堂局部

📖 阶段测试

1. 潋观堂可称为＿＿＿＿＿＿。

2. 浴兰轩可称为＿＿＿＿＿＿。

3. 快雪堂可称为＿＿＿＿＿＿。

【庚】五龙厅和小西天

出快雪堂向西至五龙厅和小西天。

任务十二　大型攒尖建筑

扫码听微课

1. 对比观察实物与卫星图片中五龙亭和小西天的屋顶造型，如图 1-18 所示。观察五龙亭两侧的亭子，完成第 1 题和第 2 题。

图 1-18　五龙亭和小西天卫星图片对比

2. 五龙亭正中的亭子名为龙泽亭，这个亭子的造型比较特殊，上下檐的形状不同。上层檐为圆形，下层檐为四角亭。这种构造特殊的单体，应尽可能描述清楚。可以这样描述龙泽亭：大式 上层圆形 下层四角 重檐攒尖 琉璃瓦 建筑单体。

3. 小西天是一组大型攒尖建筑，这样的攒尖建筑往往有很多开间，在描述小西天时应把开间数量和是否有廊说清楚。如图 1-19 所示，完成第 3 题。

图 1-19　小西天正殿

📖 练习题

1. 五龙亭最外侧两个亭子可称为_____。

2. 五龙亭正中两侧的两个亭子可称为_____。

3. 小西天正殿可称为_____。

> **古建筑文化**：五龙亭正中的龙泽亭从卫星地图上可以看到上圆下方的造型，体现着中国传统文化"天圆地方"的思想，在古建筑中像这样方和圆的组合还有很多例子。

项目一　总　结

1. 通过项目一的学习了解到，每一个建筑单体都是由其各部分，各种不同的特征组合而成的。比如，有的使用琉璃瓦有的使用布瓦，有的有斗拱有的没有斗拱。所以中国古建筑的每个单体都有独特性。

2. 总结描述古建筑的方法，应包括开间数量、廊的形式、大式小式（是否使用斗拱）、屋面基本类型、瓦面类型等信息，如图 1-20 所示。这些信息有的可以省略，而且顺序也可以进行调整。还有一些其他的信息，例如，檩的数量，如：小式五檩硬山建筑，之后进一步学习。按此方法描述天安门，完成练习题。

开单数量 五开间 七开间	廊的形式 无廊不写 前后廊、环廊	大式小式 用斗拱大式 无斗拱小式	屋面基本类型 悬山、歇山 重檐庑殿	瓦面类型 琉璃瓦 布瓦

图 1-20　描述古建筑基本信息

3. 课后作业：寻找身边的古建筑，在下面写出名称或粘贴古建筑的照片，使用专业术语描述它们。

📖 练习题

结合项目一所有的知识，天安门可以称为_____。

项目一 课后评价表

评价项	得分
测验	
学生自我评价	
小组互评	
课后作业	
教师评价	
学生签字：	教师签字：

项目一 参考答案

任务一：1. 四。2. 墙体。3. 门。4. 日光（采光）。5. 单开间建筑单体。6. 单开间悬山布瓦屋面建筑单体。写繁体字"間"，如图 1-21 所示。

图 1-21 书写"间"的繁体字

任务二：1. 三个开间，大门，窗。2. 三开间建筑单体。静心斋大门的柱网图，如图 1-22 所示。

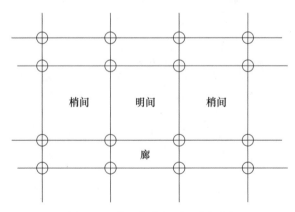

图 1-22 静心斋大门平面柱网图

任务三：1. 三开间硬山建筑单体。2. 硬山简笔画，如图 1-23 所示。

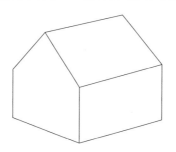

图 1-23　硬山建筑简笔画

任务四：1. 三开间悬山建筑单体。2. 悬山屋面挑出特征，如图 1-24 所示。

图 1-24　悬山屋面挑出特征

任务五：1. 四。2. 三开间歇山建筑单体。

任务六：1. cuán，八角攒尖建筑单体。2. 圆形攒尖建筑立面示意图，如图 1-25 所示。

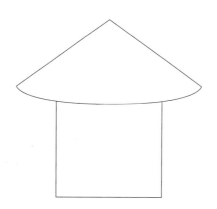

图 1-25　圆形攒尖示意图

任务七：2. 三开间小式硬山建筑单体，三开间小式悬山建筑单体，三开间小式歇山建筑单体，小式八角攒尖建筑单体。

任务八：1. 五开间大式重檐庑殿建筑单体。2. 重檐庑殿正立面示意图，如图 1-26 所示。

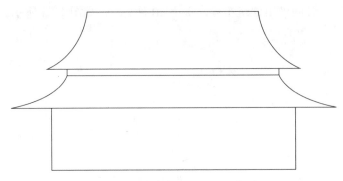

图 1-26　重檐庑殿正立面示意图

任务九：1. 黑和黄，绿。2. 三开间小式硬山布瓦屋面建筑单体，三开间小式悬山布瓦屋面建筑单体，三开间小式歇山布瓦屋面建筑单体，五开间大式重檐庑殿琉璃瓦建筑单体，五开间大式歇山绿琉璃瓦建筑单体。

任务十：三开间小式悬山带单开间悬山抱厦（省略瓦面），抱厦平面图，如图 1-27 所示。

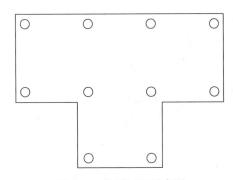

图 1-27　抱厦平面示意图

任务十一：1. 五开间大式歇山布瓦屋面建筑单体。2. 五开间大式硬山布瓦屋面建筑单体。3. 五开间小式歇山布瓦屋面建筑单体。

任务十二：1. 小式四角攒尖琉璃瓦建筑单体。2. 大式重檐四角攒尖琉璃瓦建筑单体。3. 七开间带环廊大式重檐四角攒尖琉璃瓦建筑单体。

项目一总结：九开间带前后廊大式重檐歇山黄琉璃瓦建筑单体。

项目一　知识梳理

1. 每个单独的古建筑个体称为古建单体，每个单体都是由其木结构、屋面、墙体等多种构件组合而成，每种构件又有多种做法，因此造型各异。多个单体建筑可以组成建筑群。

2. 开间是古建筑单体中的基本单位，一个开间由四根柱子围成。一个单体建筑往往是由多个开间组成，开间数量以单数常见，如：三开间、五开间等。

3. 在多开间建筑中，房屋正中的开间是明间。明间两侧的开间是次间。房屋两侧最靠外的开间是梢间。

4. 在一个建筑单体中，房屋开间方向称为面阔方向、面宽方向，所有开间面阔的总和称为通面阔。大多数房屋，与面阔方向垂直的称为进深方向，所有步架进深的总和称为通进深。

5. 一般硬山建筑前后出檐，从正面观看房屋的面宽，称为檐面；一般硬山建筑两侧砌有山墙，从侧面山墙观看房屋的进深，称为山面。

6. 古建筑中很多单体有廊，檐柱和金柱之间的距离称为廊深。廊有前出廊、前后出廊、环廊（四周出廊）等多种形式。

7. 按屋面类型古建筑可分为五种基本类型：

（1）硬山建筑典型特征是山墙砌筑到顶，与屋面相交，硬山建筑等级最低，出现最晚。

（2）悬山建筑典型特征是屋面延伸到山墙以外，悬山建筑比硬山等级稍高。

（3）歇山建筑典型特征是垂脊从正脊最高处出发，垂直向前后坡屋面伸展，再向四角延伸出翼角。

（4）庑殿建筑典型特征是垂脊从正脊最高处出发，直接延伸到屋面四角的翼角，庑殿建筑的等级最高。

（5）攒尖建筑典型特征是垂脊向上集中到屋面最高宝顶处。有四角、六角、八角、圆形等攒尖建筑。

除此五种基本类型外还有很多造型各异的屋面类型。

8. 在歇山、庑殿、攒尖等建筑的四角，相邻两坡屋面的交汇处有向上翘起的翼角。翼角的构造比较复杂，所以包含翼角的建筑等级更高。

9. 建筑单体中有上下两层檐的建筑形式，称为重檐建筑。有重檐歇山、重檐庑殿、重檐攒尖等形式。

10. 古建筑中有的建筑使用斗拱，斗拱是屋顶与立柱之间过渡的木构件。使用斗拱的是大式建筑，大式建筑以斗拱的斗口作为权衡尺寸。不使用斗拱的是小式建筑，小式建筑以檐柱的柱径作为权衡尺寸。另有一些单体特例，区分大小式建筑不以斗拱为准，要看其尺寸的权衡，详见大小式建筑的视频讲解。

11. 古建筑的瓦面，有带颜色琉璃瓦，瓦面有釉面，常见有黄色、绿色、蓝色、黑色等琉璃瓦。还有瓦面没有釉面，颜色呈灰黑色的布瓦，常见有筒瓦布瓦和合瓦布瓦两种形状。

12. 除了单体建筑也有很多组合体建筑形式，如抱厦。抱厦开间数量一般小于主体建筑，出厦的位置、屋面的形式也多种多样。

项目一 笔记

项目二　古建筑台基构造

教学目标

通过天坛古建筑群的学习，识记古建筑台基石作名词，学会区分不同台基、台阶类型，掌握台阶内外的基本构造。

扫码听微课

学习路线

项目二学习地点在天坛公园，从【甲】天坛公园东门进入公园向西行走，途经【乙】北宰牲亭、【丙】北神厨、【丁】祈年殿、【戊】丹陛桥、【己】斋宫、【庚】皇穹宇，完成项目二的学习任务，如图2-1所示。

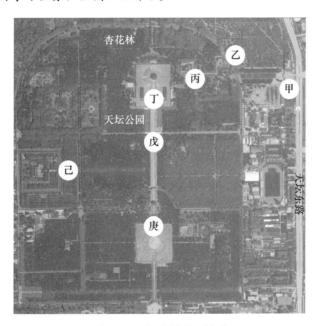

图 2-1　天坛公园学习线路

课程导入

观察太庙正立面照片，如图2-2所示，可以看出中国古建筑结构的总体特征，自下而上分成三段。下段是体量较大的台基基础，中段是以木结构为主的支撑结构，上段是以瓦面和屋脊为主的屋面。

图 2-2　太庙

古建筑的地基是先在地面上开一个槽，在槽内夯土加固，砌筑高于地面的平台，这个平台称为"台基"。在台基之上再进行木结构的搭建。台基砌筑好后，一般是看不到内部构造的。天坛公园内北宰牲亭的台基内部是敞开的，可以直接观察到台基内部。

【乙】北宰牲亭

从天坛东门向西行至北宰牲亭，如图 2-3 所示。

图 2-3　井亭

任务一　盝顶建筑

1. 观察北宰牲亭内的井亭，如图 2-3 所示。通过外观可以看出井亭是一个攒尖建筑，但攒尖的"尖"并没有。这种平顶建筑类型称为"盝顶"建筑。描述北宰牲亭内的建筑，完成第 1 题。

2. 盝顶建筑的特点是平顶，井亭是从攒尖建筑演变过来，中间是

扫码听微课

开放露空的。也有从庑殿建筑变化的盝顶建筑，中间做成封闭的平屋顶。

　　3. 观察井亭的台基形状，在下方画一个井亭的平面图，掌握六角形建筑的画法。

　　4. 对比周围正殿等几个建筑的台基，可以观察到，台基的形状与其上面的主体建筑形状是一样的。井亭是六角的，台基平面也是六角的。正殿平面是矩形的，台基也是矩形的。

📖 练习题

　　1. 井亭可称为＿＿＿＿＿＿、北宰牲亭正殿可称为＿＿＿＿＿＿、神库可称为＿＿＿＿＿＿。
　　2. 画井亭平面示意图。

> 　　**古建筑文化**：在坛庙建筑中，宰牲亭是宰杀猪牛羊等祭祀品的场所。宰杀牺牲需要用大量的水，所以设有井亭，井亭多用盝顶且上不封顶，有天地之气相通的寓意。

【乙】北宰牲亭

观察北宰牲亭正殿台基内部，如图 2-4 所示，学习台基内部的构件。

图 2-4　宰牲亭正殿台基内部

任务二　台基内部构造

1. 正殿内所有柱子下面都有一块石头，这块石头称为"柱顶石"或称"柱础"。

2. 柱顶石下半部分埋于台基内部。上半部分露出台基，称为柱顶石的"鼓镜"。观察柱顶石和鼓镜的形状，完成第1题。

3. 观察正殿台基内部构造，柱顶石下方还有用砖砌的独立式基础，这部分称为"磉礅"。

扫码听微课

4. 台基露在地面以上的部分称为"台明"，埋在地下的部分称为"埋身"，或埋头、埋深。

练习题

1. 北宰牲亭正殿柱顶石的形状是_____，高出地面的形状是_____。

2. 在下方空白处画出一组在台基内部的磉礅、柱顶石、鼓镜、台明、埋身部分。

古建筑文化： 现在多用"接地气"形容做法落地贴近百姓。在古建筑中，台基开挖之后要在最下方"砸灰土"，其作用就是阻隔地下潮气向上，从而保护木结构和墙体。

【乙】北宰牲亭至【丙】北神厨

走出北宰牲亭到北神厨的路上，经过一段廊子，如图2-5所示。

图 2-5　天坛长廊

任务三　游　　廊

1. 观察手机卫星地图与实物，这是一段连接北宰牲亭到北神厨直至祈年殿的廊子。这段廊子区别于在房屋内的廊，是一段独立的廊子，称为"游廊"。

2. 游廊随地势修建，做法造型多变。有倾斜的"爬山廊"，如图 2-6 所示。也有阶梯状的"叠落廊"，如图 2-7 所示。

扫码听微课

图 2-6　北海公园静心斋内爬山廊

图 2-7　北海公园快雪堂内叠落廊

3. 使用盒尺、测量软件等工具测量廊子每个开间的尺寸，完成第 1 题。观察是否每段廊子开间大小一样。

4. 从北宰牲亭到祈年殿的路上共有四段廊子，分组数一数每段各多少开间。完成第 2 题。

练习题

1. 游廊每个开间_____米。

2. 四段廊子开间数量分别是_____。

3. 根据以上数据，估算这段廊子的长度。

【丙】北神厨

进入北神厨，观察正殿、配殿台基一角，如图 2-8 所示。

图 2-8　北神厨正殿直方型台基一角

任务四　台基外部构造

1. 正殿台基整体呈一个扁平的立方体，这种台基造型属于"直方式台基"。

2. 台基一角最下方的石头称为"埋头石"，直方式台基有四块埋头石，它们确定了台基整体的位置和大小。

3. 台明上皮边缘有一圈"阶条石"，在埋头石上方最两侧的阶条石称为"好头石"。观察对比北神厨内几个建筑阶条石的块数、长度，完成第2题。

扫码听微课

4. 阶条石下面，一直到地面之上，这部分称为"斗板"，或称陡板。斗板的形式有很多种，配殿的斗板是砖材的，此外还有石材、鹅卵石、虎皮石等做法。

练习题

1. 近距离观察阶条石和斗板，对比石材和砖材的区别。

2. 正殿阶条石大概由_____组成，这些阶条石_____长（填写"一样或不一样"）。

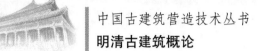

3. 画台基一角的示意图，在图中标出埋头石、好头石、阶条石、斗板的位置。

【丙】北神厨

观察北神厨内的台阶，如图 2-9 所示。

图 2-9　北神厨内的垂带踏跺

任务五　垂带踏跺

1. 一步一步的台阶在古建筑中称为"踏跺"，踏跺与阶条石使用的都是石材。统计正殿、配殿各有几步踏跺，完成第 1 题。

2. 踏跺两侧倾斜放置的石材称为"垂带"，垂带从阶条石一直延伸到地面。这种由垂带和踏跺组成的台阶形式称为"垂带踏跺"，是古建筑常见台阶类型之一。

扫码听微课

3. 观察垂带延伸至地面的石材上，这块石头称为"燕窝石"。有些建筑在燕窝石前再放置一块"如意石"，起到稳固台阶的作用。

4. 侧面观察垂带，从垂带下方到地面呈三角形，称为"象眼"，侧面与斗板相连接。

练习题

1. 分组调查踏跺数量：正殿 _____ 步踏跺，东配殿 _____ 步踏跺，西配殿 _____ 步踏跺。

2. 画正殿垂带踏跺平面示意图，标明构件名称。

【丁】祈年殿

出北神厨进入祈年殿，观察祈年门的台基，如图 2-10 所示。

图 2-10　祈年门须弥座式台基

任务六 须弥座式台基

1. 观察东西两侧配殿的台基，与祈年门的台基形式的不同。东西配殿是直方式台基，祈年门的台基分成几层，这种艺术造型称为"须弥座"，所以祈年门是"须弥座台基"。

扫码听微课

2. 须弥座大致分为六层，自下而上称为：圭角、下枋、下枭、束腰、上枭、上枋。

3. 祈年门北侧的踏跺是由三路踏跺组成的，居中的称为"正面踏跺"，两侧的称为"垂手踏跺"。

📖 绘图练习

画须弥座侧立面图，并标注各位置名称。

> **古建筑文化：**"须弥"一词来自古印度神话中的高山名，传说须弥山就是一层一层的。须弥座的造型除了用在台基上，还大量使用在佛座、经幢座等处。

【丁】祈年殿

观察祈年殿台基和主殿，如图 2-11 所示。

图 2-11 祈年殿台基

任务七　组合式台基和三重檐建筑

1. 祈年殿的台基下方是三层圆形须弥座台基，这种采用多层次的台基形式称为"组合式台基"，往往用在体量较大的单体建筑。

扫码听微课

2. 三层须弥座台基是古建筑最高的台基形式，每层都有独立的台阶，并且有一定的宽度。故宫的太和殿和太庙的享殿，使用的就是三层须弥座台基。

3. 须弥座式的台基所配置的台阶也是等级较高的，祈年殿正中台阶两侧是踏跺，中间是一块有雕刻的御路石，这样的台阶称为"御路踏跺"。

4. 祈年殿主殿使用蓝色琉璃瓦，有上中下三层出檐，称为"三重檐建筑"。下雨时，雨水要从最高处经过三次滴落才到地面，所以俗称"三滴水"。祈年殿可称为什么建筑，完成第 2 题。

📖 练习题

1. 参照实物或图 2-11，画出祈年殿和台基的正立面示意图。

2. 祈年殿可称为＿＿＿＿＿。

【丁】祈年殿

站在祈年殿东配殿的北侧，观看配殿山面，如图 2-12 所示。

图 2-12　祈年殿配殿山面

任务八　前有廊后无廊建筑

扫码听微课

1. 在建筑单体的山面，也就是在台基两侧，这个位置的台阶称为"抄手踏跺"，抄手踏跺也有很多种做法。配殿的抄手踏跺使用的是垂带踏跺的形式，完成第1题。

2. 从山面观察四排柱子，分析柱子和墙体的关系，完成第2题至第4题。

3. 建筑前方两排柱子之间没有墙体，后方两排柱子之间被墙体封住。这种出廊的方法就是利用墙体，形成"前有廊后无廊"的建筑形式。

4. 围绕配殿一圈，结合之前学习的古建筑知识，尽可能详细描述配殿，完成第5题。

📖 练习题

1. 祈年殿配殿山面台阶，说明其位置和做法，可称为_____。

2. 建筑后两排（左侧）柱子与墙体的关系是：_____。

3. 建筑最前排（最右侧）柱子和墙体的关系是：_____。

4. 建筑前方第二排（右侧第二排）柱子和墙体的关系是：_____。

5. 配殿可称为：_____。

【戊】丹陛桥

出祈年殿建筑群，向南侧行走在丹陛桥上，如图2-13所示。

图2-13　丹陛桥

任务九　古建筑甬路

1. 在大型古建筑群各主体建筑之间，或小型院落各房屋之间，地面上都有连接的道路，称为"甬路"。

2. 丹陛桥的正中，是中间凸起两侧略低的石材，称为"御路"。御路两侧是用砖砌筑的分割线，称为"牙子"。牙子有也有石材制作的。

3. 牙子两侧是"海墁"，砖的排列形式是"斜纹铺墁"。海墁的排砖造型有很多种，可在其他古建筑院落中找到各种海墁排砖造型。

4. 经过两组海墁和牙子，在丹陛桥的最外侧，还有一组较窄的砖砌地面，称为"散水"。散水有一定坡度，利于排水。除了甬路散水外，在建筑物台基外侧一圈也有散水和牙子。

📖 练习题

在方框内画出丹陛桥组成示意图，并标出各部分名称。

> **古建筑文化**：甬路是中国古典建筑对称美的代表，无论繁简都是从居中的向左右两侧伸展。丹陛桥有一定的坡度，祈年殿略高，圜丘略低，北高南低的设计符合排水需要。从南向北一路走来，有"逐步升高、接近上大"的寓意。

【己】斋宫

从丹陛桥向西到斋宫，站在斋宫正殿前观察其台基，如图 2-14 所示。

图 2-14　斋宫无梁殿和台基

任务十　台基月台

1. 在一些体量较大的建筑台基的前面，会伸展出一个平台，这个平台叫"月台"。月台上可以进行活动，也可以摆放一些物品。斋宫的月台上摆放了铜人亭。

扫码听微课

2. 斋宫台基和月台四周边界处，有高出地面的栏板，称为"勾栏"。斋宫和祈年殿的勾栏是用汉白玉雕刻的，有的勾栏是用普通砖或琉璃砖砌筑的。

3. 汉白玉雕刻的勾栏与台基地面接触的部分称为"地栿"，高出地面的部分称为"栏板"，两个栏板中间的是"望柱"。为了台基和月台排水，在勾栏下方还设有"龙头"。

4. 斋宫的正殿内看不到木质的梁架结构，整体由砖石砌筑而成，故称为无梁殿，在古建筑中是非常少见的特例。

📖 练习题

1. 观察斋宫正殿的开间数量是_____开间，月台面阔_____开间。

2. 观察斋宫月台上摆放的铜人亭，拍照记录。

3. 测量一组望柱和栏板的长度，并统计月台由几组望柱和栏板组成。

4. 简单估算月台的尺寸。

> **古建筑文化：** 带有汉白玉勾栏的台基，设有流水用的龙头，台基四角龙头较大，中间较小。古人认为下雨这种气象，是龙在天上行云布雨的结果，所以建筑上要有相应的造型，遇到下雨天就有龙吐水的景观。

【己】斋宫

观察斋宫后面台阶和两侧配殿的台阶形式，并观察配殿山面，如图 2-15 和图 2-16 所示。

图 2-15　斋宫后面礓磋台阶

图 2-16　斋宫后院配殿如意踏跺

任务十一　其他台阶造型

1. 斋宫无梁殿后方台阶的两侧是垂带，中间是与垂带高度一致的锯齿形状坡道，这种台阶形式便于车马通行，称为"礓磜（礤）"台阶。斋宫后面的礓磜台阶是用大块石材雕刻后拼接而成的，也有用砖一层一层砌筑的。

2. 后院东西两侧配殿的台阶，是一种比较简单的台阶形式，只是由块状石材堆砌而成，这种台阶类型称为"如意踏跺"。

3. 台阶类型中还有一种由未加工的石料码砌的"云步踏跺"台阶，北海快雪堂内云步踏跺台阶，如图 2-17 所示。

扫码听微课

图 2-17　北海快雪堂云步踏跺

4. 走到配殿的山面观察，该房屋前后是不对称的，如图 2-18 所示。这种房屋是"前有廊后无廊"的典型代表，但它和祈年殿配殿的"前出廊"在木构造上是不一样的。在古建筑中把这种山面不对称的房屋形象地称为"撅尾巴房"。

图 2-18　配殿山面

练习题

总结五种基本台阶形式。

【庚】皇穹宇

从斋宫景区向东南行至皇穹宇。完成阶段测试。

任务十二　阶段测试

1. 皇穹宇正殿台阶形式，如图 2-19 所示，完成第 1 题。
2. 皇穹宇正殿台基形式，如图 2-20 所示，完成第 2 题。

图 2-19　皇穹宇正殿台阶

图 2-20　皇穹宇正殿台基

3. 皇穹宇配殿台基和台阶形式，如图 2-21 所示，完成第 3 题。

图 2-21　皇穹宇配殿台基和台阶

阶段测试

1. 皇穹宇正殿台阶形式可称为_____。

2. 皇穹宇正殿台基形式可称为_____。

3. 皇穹宇配殿台基和台阶可称为_____。

　　古建筑文化： 天坛回音壁景区是一组圆形的建筑群，贴近墙体内侧说话，在其他位置也可以听到，故名回音壁。回音壁的墙体砌筑方法是古建筑中等级最高的干摆做法，砖与砖之间接触紧密，缝隙可见但几乎没有距离，墙体平滑利于声波的折射。干摆做法体现了中国古代工匠高超的建筑技术。

项目二　总　　结

　　1. 经过项目二的学习，应掌握古建筑传统的台基形式，以及台基内外部名称和构造关系。应掌握常见的古建筑台阶形式。能够使用文字语言描述一个古建筑台基、台阶的基本造型。

2. 在学习了五种基本屋面形式的基础上，项目二补充了"盝顶"和"三重檐"两种特殊建筑屋面形式，进一步学习了古建筑基本屋面形式类型。

3. 对比两种"前有廊后无廊"建筑的不同，感受古建筑丰富的造型技巧和变化规律。

4. 课后作业：寻找身边的古建筑台基、台阶，使用专业术语描述它们，完成练习题。

📖 练习题

1. 太庙的台基、台阶形式可称为＿＿＿＿＿＿

2. 寻找身边的古建筑，在下面写出名称或粘贴古建筑的照片，并进行描述。

> **古建筑文化：**台基是古建筑中最稳定的部分，在一些古建筑遗迹中，虽然木结构焚毁了，但是台基仍然保存完好。台也成为古建筑中一种特殊的建筑形式，天坛公园的圜丘就是一组只有台基的建筑。对于封建王朝，台是举行登基、大婚、祭祀的重要地点。引申到现在任职称为上台或登台。

项目二　课后评价表

评价项	得分
测验	
学生自我评价	
小组互评	
课后作业	
教师评价	
学生签字：	教师签字：

项目二　参考答案

任务一：1. 大式六角盝顶建筑单体，五开间大式重檐歇山建筑单体，三开间小式悬山建筑单体。2. 六角井亭平面示意图，如图 2-22 所示。

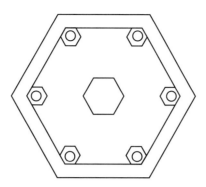

图 2-22　六角井亭平面示意图

任务二：1. 正方形，圆形。2. 台基内部构造图，如 2-23 所示。

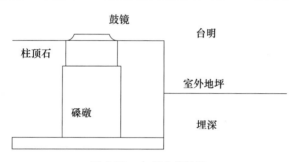

图 2-23　台基内部构造

任务三：1.～2. 以实测为准。

任务四：2. 以实测为准，不一样。3. 台基一角示意图，如图 2-24 所示。

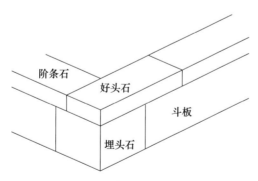

图 2-24　台基一角示意图

任务五：1. 以实测为准。2. 垂带踏跺平面图，如图 2-25 所示。

任务六：须弥座侧立面示意图，如图 2-26 所示。

任务七：1. 祈年殿和台基的正立面，如图 2-27 所示。2. 大式圆形三重檐蓝琉璃攒尖建筑单体。

任务八：1. 抄手垂带踏跺。2. 墙体包裹柱子只留柱头露在外面。3. 不砌墙柱子完全露在外面。4. 墙体半包裹柱子一半露在外面。5. 九开间前出廊大式歇山蓝琉璃建筑单体，正中有一路垂带踏跺，两侧有抄手垂带踏跺。

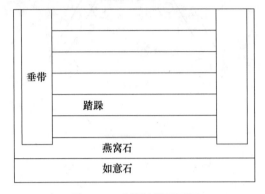

图 2-25　垂带踏跺平面图

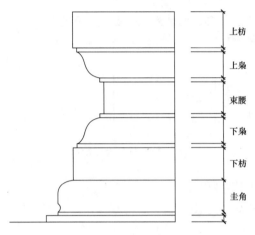

图 2-26　须弥座立面示意图

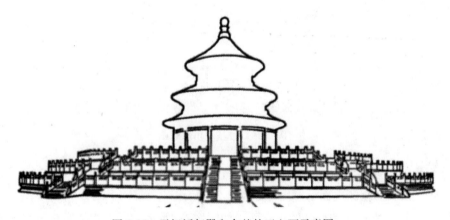

图 2-27　天坛祈年殿和台基的正立面示意图

任务九：丹陛桥组成示意图，如图 2-28 所示。

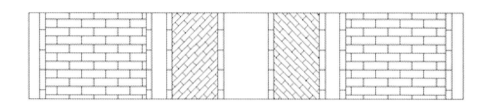

图 2-28　丹陛桥组成示意图

任务十：1. 五，三。3. 以实测为准，以实测为准。4. 第 3 题测出的两数相乘。

任务十一：五种台阶分别是垂带踏跺、御路踏跺、如意踏跺、云步踏跺、礓磜台阶。

任务十二：1. 御路踏跺。2. 须弥座台基。3. 直方型台基垂带踏跺。

项目二总结：1. 三层须弥座带勾栏台基，三路带勾栏踏跺中间为御路踏跺，两侧垂带踏跺。

项目二　知识梳理

1. 除了硬山、悬山、歇山、庑殿、攒尖等五种常见屋面类型外，古建筑还有很多形态各异的屋面类型。盝顶建筑的特点是平屋顶。从攒尖建筑演变的盝顶建筑大多使用在井亭，中间是开放露空的。也有从庑殿建筑变化的盝顶建筑，中间做成封闭的平屋顶。有些建筑单体出檐层数较多，如之前学习的重檐建筑，也有三重檐建筑甚至更多层飞檐的建筑形式。

2. 一个古建筑单体分为三段，即下方的台基、中间的木结构和墙体，上方的屋面。台基的平面造型随建筑单体本身的形状而定。台基造型有直方式台基和须弥座台基两种。有些大型台基前方有突出的月台，月台往往比台基矮一阶，宽度也比建筑物开间小。

3. 台基露在地面以上的部分称为台明，埋在地下的部分称为埋深。在地基开槽之后要夯实灰土，在此基础上砌筑磉礅，磉礅之上为柱顶石。柱顶石的下半部分在台基地面以下，高出地面的部分称为柱顶石的鼓镜。柱顶石以上立柱子。柱顶石的作用是减少单位面积的压强，阻隔地下水汽向上传导。

4. 直方型台基四角有半埋入地下的埋头石，埋头石有单埋头、厢埋头、如意埋头、混沌埋头、或使用角柱石的方式，用于不同等级的建筑。台明上皮边缘有一圈阶条石，在埋头石上方台基最两侧的阶条石称为好头石。台基正面及两侧台帮，阶条石之下是斗板。斗板的形式有砖砌筑的，也有石材、鹅卵石等多种样式。

5. 有的台基带有砖砌筑的或汉白玉雕刻的勾栏。勾栏与台基地面接触的部分称为地栿，地栿之上是栏板，两个栏板中间的是望柱。勾栏下方设有排水的龙头。

6. 古建筑中有五种常见台阶形式：最常见的是由两侧垂带和中间的台阶组成的垂带踏跺，如果台基使用勾栏，那么垂带上也应有勾栏；比垂带踏跺等级高的是御路踏跺，特征是踏跺中间加一路御路石；两侧为垂带，中间是有和垂带高度一致的锯齿形状坡道，这种台阶形式便于车马通行，称为礓磜（礤）台阶；更为简单的做法是由块状石材堆砌而成如意踏跺；还有一种由未加工的石料码成的云步踏跺台阶，多用于园林。

7. 垂带踏跺两侧称为垂带，垂带中间的台阶称为踏跺，垂带下方的基石称为燕窝石，台阶两侧垂带与地面形成的三角部分称为象眼。

8. 古建筑的廊子有很多种形式，有独立在建筑单体之外的廊子，也有包含在建筑单体内的廊子。独立在建筑单体之外的廊子，用于连接建筑单体称为游廊。包含在建筑单体内的廊子形式更多，有前后出廊、前有廊后无廊、四面出廊等多种形式。前有廊后无廊的造型也因具体建筑不同，有多种建造方法。

9. 连接建筑单体中线的古建筑地面，称为甬路。甬路是中国古典建筑对称美的代表。甬路的中间是御路，御路向外两侧是对称排列的，由较宽的海墁和较窄的散水组成。在御路、海墁、散水之间有牙子作为分割线。海墁和散水的排砖艺术形式多种多样，牙子有用砖砌筑的也有石材的。

项目二　笔记

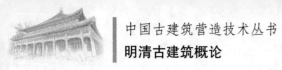
项目二　笔记

项目三　古建筑木结构

📑 教学目标

通过颐和园古建筑群的学习，识记古建筑木结构名词，学会区分不同木结构类型，掌握抬梁式木结构举架计算方法。

扫码听微课

📋 学习路线

项目三学习地点在颐和园公园，从【甲】颐和园东宫门进入公园向西，途经【乙】谐趣园、【丙】草亭、【丁】意迟云在、【戊】延清赏楼圆亭、【己】大船坞、【庚】贼春园遗址，完成项目三的学习任务，如图3-1所示。

图3-1　颐和园公园学习线路

🔲 课程导入

中国古建筑采用木制构造，构件相交处使用榫卯组合，有着优异的抗震效果，在世界建筑中独树一帜。木结构是古建筑的骨架，墙体、屋面、彩画等都是围绕木结构展开的。古建筑的木结构有抬梁式、穿斗式、井干式等几种，北方官式古建筑多用"抬梁式"木结构。以梁为主要构件，通过逐层叠摞抬升举架高度，形成古建筑优美的屋面曲线。

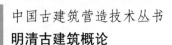
项目三主要学习小式建筑的木结构。重点是硬山、悬山等相对简单的木结构，在此基础上循序渐进学习更复杂的木结构。学习木结构知识除了基础名词需要识记，还需要掌握木结构举架的计算，和构件权衡尺寸的计算。

古建筑彩画是在木结构的基础上绘制的，同一个构件在木作和彩画作有不同的称呼。比如彩画作绘制"包袱"的地方在木作里称为"檩垫枋"，如图3-2所示。

图 3-2　彩画包袱所在位置檩垫枋

【乙】谐趣园

从东宫门向东北行走到谐趣园，沿游廊向北至澄爽斋门口，如图3-3所示。

图 3-3　澄爽斋

任务一　檩垫枋

1. 在澄爽斋次间寻找有彩画包袱的三个木构件，从上到下称为"檩""垫板""枋"。这三个构件往往同时出现，统称为"一檩三件檩垫枋"。观察檩垫枋外观，完成第1题。

扫码听微课

2. 观察枋与垫板的位置关系，枋子最高处与垫板的最低处相接，在古建术语中，称为枋子的"上皮"和垫板的"下皮"相接。在房屋面宽方向观察枋子两端，枋子的上皮和哪个纵向构件的上皮是一样高的，完成第 2 题。

3. 枋子与柱使用"榫卯"结构连接，枋子两端出头称为"榫"，柱头留出空间插入榫称为"卯"。枋子与柱头相连接的榫卯，内小外大形如燕尾，称为燕尾榫，如图 3-4 所示。

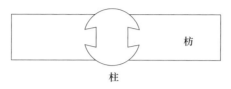

图 3-4　梁柱榫卯结构

4. 檩是圆形的，圆形的构件放在枋子上很容易滚动，所以要把檩的下方做成平面，称为开"金盘"，如图 3-5 所示。

图 3-5　檩下方开金盘

练习题

1. 上方檩的剖面为_____形，中间垫板的剖面为_____形，下面枋子的剖面为_____形。

2. 枋子的上皮与_____的上皮一样高。

3. 画出檩垫枋的剖面图。

图 3-6　澄爽斋的廊步架

【乙】谐趣园

走进澄爽斋廊子，抬头向上观察，如图 3-6 所示。

任务二　廊步架

1. 侧面观看廊子，外侧的柱子称为"檐柱"，内侧的柱子称为"金柱"。檐柱上的檩垫枋，称为檐檩、檐垫板、檐枋。金柱上的檩垫枋，称为金檩、金垫板、金枋。

2. 可以看出檐柱是向内侧倾斜的，称为"侧脚"或"掰升"。檐柱的下面稍粗上面稍细，称为"收分"或"收溜"。檐柱有侧脚和收分的特征，是为了更好地为梁架提供支撑，完成第1题。

扫码听微课

3. 相邻两檩之间的水平距离称为"步架"，廊子所在的步架称为"廊步架"。两个檩（或两个柱中线）之间的水平距离称为这个步架的"步架宽度"，如图3-7所示。在忽略侧脚的前提下，测量澄爽斋廊子的步架宽度完成第2题。

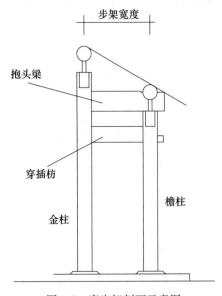

图3-7　廊步架剖面示意图

4. 檐柱与金柱之间拉结的构件称为"穿插枋"，可以看到穿插枋是穿出檐柱的。穿插枋上方的构件是"抱头梁"，抱头梁的梁头搭在檐柱上，尾部与金柱相接，檐檩搭在梁头部位。

📖 练习题

1. 测量檐柱根部周长为_____，柱子中间周长为_____，对比测量结果。

2. 澄爽斋廊步架金柱有一部分在门的内部，若柱顶石的宽度是柱子直径的2倍，在下图中设计如何在不开门的情况下，并测量廊步架宽度。

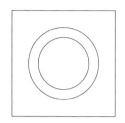

> **古建筑文化：** 古建筑的柱子上方一般都是梁，如檐柱就是顶着抱头梁的。民间以"顶梁柱"形容柱子的重要性，引申为家庭中最重要、责任最大的人。

【乙】谐趣园

走进澄爽斋两侧的游廊，观看游廊内部木构架，如图 3-8 所示。

图 3-8　长廊内部

任务三　四檩游廊木构架

1. 游廊有四根檩，两侧的是檐檩，中间最高处的檩称为"脊檩"。游廊的脊檩是"双脊檩"的做法，在其他建筑中也有单根脊檩的做法。游廊的四根檩形成三段水平距离，即两侧的"檐步架"和双脊檩中间的脊檩间距，如图 3-9 所示。游廊脊檩的做法不是标准的一檩三件，

扫码听微课

而是使用尺寸较小的脊枋，替代脊垫板和脊枋。

2. 游廊的檐柱是方形的，称为"梅花柱"，下面柱顶石的鼓镜变成方形。梅花柱多用于廊子和垂花门。在下方画梅花柱和柱顶石的平面示意图。

3. 在两个檐柱上贯穿廊子进深方向的构件，称为"梁"。使用专业术语称呼梁，要看梁上承载檩的数量。游廊的梁上面承载着四根檩，称为"四架梁"。承载双脊檩的梁称为"月梁"，也可称为"二架梁"。

4. 四架梁和月梁之间的构件非常重要，它是抬梁式木结构中将梁抬起来的构件。随着尺寸的变化，较为矮粗的称为"柁墩"，较为瘦高则称为"瓜柱"。

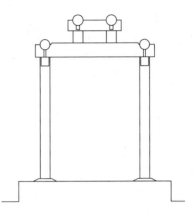

图 3-9　四檩游廊剖面示意图

📖 **绘图练习**

画梅花柱和柱顶石平面图。

【丙】草亭

出谐趣园向山上行走至草亭，如图 3-10 所示。

图 3-10　草亭木构架

任务四　五檩木构架

1. 草亭中最大的梁担在两侧檐柱之上，承载了五根檩条，故称为"五架梁"。五架梁之上的梁称为"三架梁"。三架梁的中间是"脊瓜柱"，脊瓜柱上是脊檩。两侧檐柱上方是檐檩，虽然五檩建筑没有金柱，在檐檩和脊檩中间的两个檩也称为金檩。

2. 在座凳和檐枋的下面装饰物称为眉子。座凳下方的称为"座凳眉子"，檐枋下面的称为"倒挂眉子"。眉子属于小木作，不起承重作用，各种眉子的图样也非常丰富。

3. 草亭没有廊子，五根檩中间的四个步架，外侧的为"檐步架"，内侧的为"脊步架"。

4. 草亭的木构件没有经过精细加工，并且也没有画彩画，保留了木结构原有的滋味。木构件的形状也不是特别规矩，可以看到草亭南侧的五架梁就是一边高一边低的，两侧瓜柱的高度是不一样的。

📖 绘图练习

画小式五檩木构架简图，并标注柱、梁、檩、瓜柱、椽位置。

古建筑文化："上梁不正下梁歪"在古建筑中很常见。百姓大众的木材有些没有那么顺直，必须凑合使用，造成梁一边高一边低，有可能是歪的。在施工中通过调整柁墩瓜柱的高度，使上下两层梁架找平。上梁不正下梁歪也体现了抬梁式古建筑因材制宜的建筑技术。

【丙】草亭

如果将小式五檩木构架，两侧增加廊步架，就形成了典型的七檩木构架，如图 3-11 所示。

| 廊步架 | 金步架 | 脊步架 | 脊步架 | 金步架 | 廊步架 |

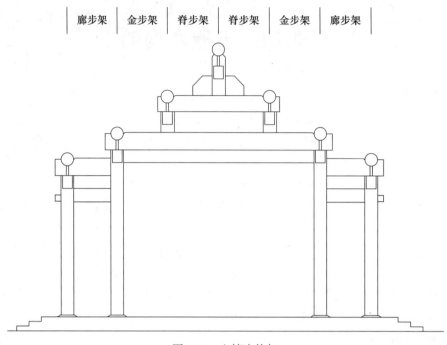

图 3-11　七檩木构架

任务五　七檩木构架

1. 图 3-11 中五架梁下方，是进深方向的枋子。在体量较大的单体中，用来拉结前后两排金柱，承托五架梁。因此称为"随梁枋"，简称随梁。

2. 脊瓜柱的两侧起辅助作用的构件，称为"角背"。看上去左右两侧的角背，实际上是一个构件，角背、脊瓜柱、三架梁这三个构件互为榫卯结构，如图 3-12 所示。

扫码听微课

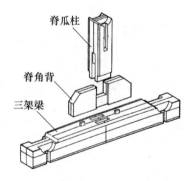

脊瓜柱

脊角背

三架梁

图 3-12　三架梁、角背、脊瓜柱构造

3. 七檩木构架中，在檐檩和脊檩中间的四根檩都称为金檩，金柱上方的称为"下金檩"，三架梁上方的称为"上金檩"。

4. 七檩木构架，从檐檩到下金檩称为廊步架，上下金檩之间称为金步架，金檩到脊檩称为脊步架。测量草亭四个步架的宽度，完成第1题至第3题。

练习题

1. 测量草亭金步架宽度_____。

2. 测量草亭脊步架宽度_____。

3. 测量金步架和脊步架的宽度_____。

【乙】谐趣园

回到谐趣园北侧涵远堂，观察侧立面，如图 3-13 所示。

图 3-13　涵远堂侧立面

任务六　环廊和带中柱的木结构

1. 涵远堂是一个带环廊的建筑，其檐面和普通房屋的出檐一样，不同点在于山面的做法。带环廊的建筑山面也出一排檐柱，在山面檐柱的上方，有进深方向的檩垫枋等构件。在山面檐檩之上出檐椽飞椽，形成山面出檐，组成环廊结构。四个角的檐柱称为"角檐柱"，角檐柱的掰升方向是，平面上向内侧 45° 倾斜。

扫码听微课

2. 对于进深比较大的建筑，会在房屋进深方向中线的位置增立一根"中柱"，以增加木结构的承重性。在房屋两侧山墙的位置上的中柱称为"山柱"。

3. 有中柱的建筑，梁从檐檩位置延伸至中柱，梁的称呼也随之改变。有中柱的梁看其跨了几个步架。比如原来的三架梁，现在被中柱分成两段，其中一段只跨了脊步架，所以称为"单步梁"。单步梁下方的梁，跨越了脊步架和金步架这两步，称为"双步梁"，以此类推。

绘图练习

画有中柱五檩木构架简图，并标明各梁的名称。

【丁】意迟云在

从草亭向西至意迟云在，观看木构架，如图 3-14 所示。

图 3-14　意迟云在八檩木构架

任务七　八檩木构架和椽子

1. 观察意迟云明间的木构架，将七檩木构架的脊檩做成双脊檩的样式，就形成这样的八檩木构架。金柱承托的梁上方有六根檩，称为"六架梁"，其他构件均与七檩木构架大致相同。

扫码听微课

2. 在相邻两根檩的上方，有一根一根的圆形或方形构件，沿房屋开间方向排列，称为"椽子"。两个椽子之间的空当称为"椽当"。在椽子的上方还有木板盖住椽子之间的空隙，称为"望板"。椽子和望板合称"椽望"，其作用就是承托整个屋面。

3. 椽子并不是从上到下一整根，而是分成了几段。在双脊檩的上方有一根弧形的椽子，像人的驼背，形象地称为"罗锅椽"。从脊檩到上金檩的椽子称为"脑椽"，从上金檩到下金檩的椽子称为"花架椽"，从下金檩到檐檩并伸出到屋檐外侧的是"檐椽"。

4. 通过观察、对比意迟云在亭明间、次间的椽子，探索椽子在柱中线（梁头）和开间中线的排列规律，完成第1题至第3题。

练习题

1. 从面宽方向观看房屋的抱头梁头，可以看出每个抱头梁上的椽子，都是_____居中。

2. 点数明间、次间椽子的数量，可以发现每个开间的椽子的数量都是_____单数/双数。

3. 如果每个开间的椽子数量都是双数，那么每个开间的中线都是_____居中。

【丁】意迟云在

意迟云在外侧抬头向上观看房屋出檐部分，如图3-15所示。

图 3-15　意迟云在房屋出檐

任务八　房屋出檐

1. 站在意迟云在抬头观看房屋出檐部分，古建筑出檐大多使用两层椽子出檐，内侧的是"檐椽"。檐椽有方形的做法，也有圆形的做法。外侧挑出的是"飞椽"。飞椽绝大多数是方形的，并且与檐椽是一一对应的。

2. 檐椽和飞椽上方都有联结他们的构件，檐椽椽头上方是厚度与望板相近的"小连檐"，飞椽椽头上方是更大一些的"大连檐"。在相邻两个飞椽之间有一个方形小板，称为"闸挡板"，作用是防止虫鸟钻入飞椽之间的空隙。

3. 从檐柱中线到飞椽外皮，这段水平距离称为"上出"，上出是由下出和回水组成。其中，檐柱中线到檐椽外皮的水平距离称为"下出"，从檐椽外皮到飞椽外皮的水平距离称为"回水"。飞头部分构造，如图3-16所示。

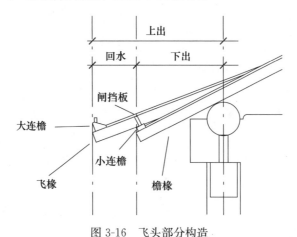

图 3-16　飞头部分构造

4. 利用图3-16探索上出、下出的比例关系，将檐椽椽头垂直到地面，大概在台基的位置。将飞椽椽头垂直到地面，大概在散水的位置。测量下出、回水的距离，并且计算它们的比例关系，完成练习题。

📖 练习题

下出尺寸_____，回水尺寸_____，下出与回水之比为_____。

> **古建筑文化**：俗语称"出头的椽子先烂"，其中椽子指的是飞椽，如果飞椽出头多一些，受不到上面瓦件的保护，就容易受到雨水浸泡，木头经常受潮就容易腐烂了。

【戊】延清赏楼圆亭

向西行至西岸延清赏楼南侧的圆亭，如图 3-17 所示。

图 3-17　延清赏楼南侧圆亭

任务九　圆亭木结构

1. 圆形亭子因其由八根檐柱围成，称为"八柱圆亭"，在柱子上的檩垫枋也是弧形的。梁的位置是用带有云纹图案的木构件代替，称为"角云"。角云常见于带翼角的角檐柱上方。

2. 抬头观看其木构架，在一圈檐檩的上方有两根长梁两根短梁。像这样爬在檩上面的梁称为"趴梁"，长的称为"长趴梁"，短的称为"短趴梁"。使用长短趴梁组合抬升梁架，是攒尖建筑常见的木结构做法，如图 3-18 所示。

扫码听微课

图 3-18　圆亭木构架仰视

3. 趴梁上方是一圈金檩和角云，在此之上是向中心延伸的"由戗"，这八根由戗将中间的"雷公柱"撑起。雷公柱除了在下方露出的部分，上面一直延伸到屋面之上宝顶之内。

4. 圆亭檐椽和飞椽是否也和其他建筑一样，具有柱中和开间椽当居中的特性。

📖 绘图练习

画八柱园亭平面示意图。

> **古建筑文化**：圆亭的枋子是弯曲的。荀子《劝学》中"木直中绳，𫐓以为轮，其曲中规。虽有槁暴，不复挺者，𫐓使之然也。"记录的就是直木变弯曲的过程，这项技术已经出现上千年了。

【己】大船坞

向西北行至大船坞，如图 3-19 所示。

图 3-19 大船坞山面

任务十 屋面曲线

1. 大船坞是一个悬山建筑，悬山建筑木结构的特点是各檩向房屋山面两侧挑出。在檩端钉"博缝板"，博缝板外留有"梅花钉"，梅花钉的位置就是博缝板内檩的位置。通过点数梅花钉的个数，确定大船坞的檩的数量，据此写出船坞梁架的名称，完成第 1 题。

扫码听微课

2. 中国古建筑优美的屋面曲线，称为"囊"（读 nàng）。利用古建筑瓦木技术形成这条曲线称为"甩囊"。甩囊是由木结构举架步架和屋面的瓦面共同形成，其中起基础作用的是木结构举架的抬升。

3. 通过观察大船坞檩的梁架，可以看出越靠近屋顶，相邻两根梁之间的间距越大。越靠近屋顶，屋面越倾斜，越靠近出檐，屋面越平缓。梁架抬高逐步加大是抬梁式木构架的典型特征。

4. 各梁架的抬升的变化，在施工中是通过改变檩下方柁墩（或瓜柱）的高度实现的。探索柁墩或瓜柱高度的变化规律，完成第 2 题。

练习题

1. 点数梅花钉确定檩的个数，西岸船坞最大的梁可称为_____，再向上一根梁可称为_____。

2. 梁架越向上，柁墩瓜柱的高度越_____。

> **古建筑文化**：中国传统建筑的屋面曲线相较于国外直斜的屋面，除更美观外，还有其应用上的意义。物体沿曲面下落的速度要比直斜面更快，在下雨时雨水可以更快地从屋面加速流出。

【己】大船坞

任务十一 举架计算

1. 古建筑木结构以檩的下金盘中点为基点，相邻两檩之间的水平距离称为步架宽度，垂直高度称为这个步架的"举架高度"，也就是使用瓜柱将檩向上举的高度。

2. 举架高度和步架宽度的比值，就是这个步架的"举值"。例如，廊步架宽度 1200 毫米，高度 600 毫米，$600/1200=0.5$，则称廊步架举值为"五举"。计算五举屋面坡度，完成第 1 题。

扫码听微课

3. 步架越向上，举值越大，每步架的高度也就越高。一般小式建筑廊檐步架举高为五举，称为"五举拿头"。以七檩硬山建筑的举架为例，可采用廊步架五举、金步架七举、脊步架九举的组合，如图 3-20 所示。

4. 若要降低（或抬高）屋面，可以采用廊步架五举、金步架六五举（或七五举）、脊步架八五举（或九五举）的组合，六五举即举值为 0.65。少数建筑为了拔高屋脊，在脊步架使用十举或更高的举值。

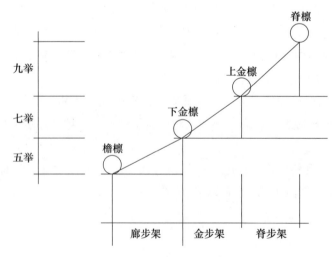

图 3-20 抬梁式七檩木结构梁架计算

综上所述，抬梁式木结构梁架计算的重点，就是根据屋面高度的需要，设计木结构各步架的举值。在施工中通过调整柁墩瓜柱的高度，实现梁、檩的逐步抬升，形成古建筑优美的屋面曲线。梁架计算是古建筑设计、测绘、施工等工作必须掌握的内容。

练习题

1. 利用三角函数计算五举的屋面坡度的角度_____。

2. 设小式七檩硬山建筑，檐柱高度 3000，垫板高度 215，廊步架宽 1200 五举，金步架 1000 七举，脊步架 1000 九举，求脊檩下皮高度。（单位：毫米）。

3. 放大西岸船坞照片，探究各步架举高。

【庚】赅春园遗址

从大船坞向东绕到颐和园后山，到赅春园遗址对面的悬山亭，如图 3-21 所示。

图 3-21 赅春园遗址北侧悬山亭

任务十二　悬山建筑木构架

　　1. 赅春园对面的亭是一个五檩悬山建筑，比草亭做的梁架结构更为规矩，如图 3-22 所示。

　　2. 柱头外侧挑出的部分和檐枋是一根木头，挑出的部分称为"三岔头"。三岔头上方垫板位置挑出的部分称为"燕尾枋"。三岔头和燕尾枋的作用是承托挑出的檩，檩垫枋向外挑出是悬山建筑木结构的典型特征，如图 3-23 所示。

扫码听微课

图 3-22　悬山亭内木结构

图 3-23　悬山亭挑出部分

3. 檩垫枋挑出多见四椽，因为空间位置不足也有挑出二至三椽的例子，在大式悬山建筑中也有挑出五至六椽的做法。探究悬山亭檐檩挑出和椽子宽度的关系，完成第1题至第4题。

4. 悬山亭山面博缝板外侧，没有使用梅花钉，如图3-24所示。大多数垂花门也采用山面挑出木结构的做法。

图 3-24　悬山亭山面

练习题

1. 观察梁头部分，点数从梁头向外侧挑出椽子的个数为_____个。

2. 这几个椽子中间，有_____个椽当。

3. 已知梁头椽当居中，那么从梁头中线到外侧第一个椽子还有_____个椽当的距离。檩的外侧是博缝板，在构造上檩要延伸进博缝板内部半个椽当。

4. 那么将上述这四段距离相加，悬山建筑檩从柱头中线向外挑出距离为_____。

【庚】赅春园遗址

对照实物或图3-21至图3-24完成阶段测试。

任务十三　阶段测试

1. 统计双开间小式五檩悬山建筑单体的构件个数填入下表，要求所有构件能指认正确。

扫码听微课

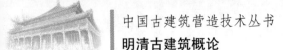

编号	名称	数量	编号	名称	数量
1	檐柱		11	脊瓜柱	
2	檐檩		12	角背	
3	檐枋		13	脊檩	
4	檐垫板		14	脊枋	
5	随梁枋		15	脊垫板	
6	五架梁		16	燕尾枋	
7	柁墩/金瓜柱		17	脑椽	
8	金檩		18	檐椽	
9	金枋		19	飞椽	
10	金垫板				

2. 测量悬山亭举架宽度、高度，计算举值。

古建筑文化：赅春园遗址是颐和园后山一组建筑群遗址，1860 年被英法联军焚毁，现只存有大门和路北侧悬山亭。进入赅春园，仍可看到台阶、阶条石、柱顶石等石作构件。在赅春园遗址可以学习台基构造、测绘古建遗址，也是进行爱国主义教育的场所。

项目三　总　　结

1. 经过项目三的学习，应掌握古建筑传统抬梁式木结构各部分名称和构造关系，能够使用文字语言描述一个古建筑木构架的造型和名称。

2. 学习了单脊檩和双脊檩的构造区别并加以区分。学习了有中柱和没有中柱建筑梁的称呼区别，能够正确说出梁的名称。学习了硬山、悬山建筑木结构的特点。对廊、环廊、游廊的木结构出廊做法进行了简单介绍。最后还介绍了圆亭使用长短趴梁的木结构。

3. 项目三的重点难点内容是梁架计算，能够理解步架、举架、举值的关系，计算房屋各步架举值，并进一步推算房屋高度。

4. 课后作业：寻找身边的古建筑木结构构件，使用专业术语描述它们，完成练习题。

📖 练习题

寻找身边的古建筑，在下面写出名称或粘贴古建筑的照片，并进行描述。

> **古建筑文化：**"古建筑木结构使用榫卯结构不用一根钉子"，其实这是对古建筑理解的一个误区。大型构件之间主要利用榫卯结构连接，不使用钉子固定。比如梁与柱头的连接，就是使用榫卯连接的。但一些小构件还是需要使用钉子进行固定的，比如椽子钉在檩上，博缝板钉在檩的侧面上。传统钉子多是铁匠打铁打出的方钉，除了木作外，瓦石作也有很多地方使用"铁件"进行固定。

项目三 课后评价表

评价项	得分
测验	
学生自我评价	
小组互评	
课后作业	
教师评价	
学生签字：	教师签字：

项目三 参考答案

任务一：1. 圆形，矩形，圆角矩形。2. 柱。3. 檩垫枋剖面图，如图 3-25 所示。

任务二：1.～2. 以实测为准，柱根的周长更大。设计如何测量廊步架，因柱顶石宽度是柱子直径的 2 倍，故测量柱顶石的一半即为柱径，如图 3-26 粗线所示。

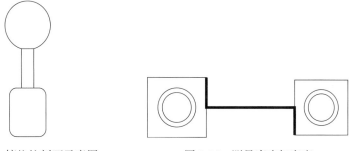

图 3-25 檩垫枋剖面示意图　　　　图 3-26 测量廊步架宽度

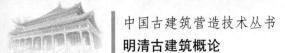
任务三：梅花柱及柱顶石平面图，如图 3-27 所示。

任务四：小式五檩木构架简图，如图 3-28 所示。

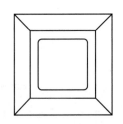

图 3-27　梅花柱及柱顶石平面图

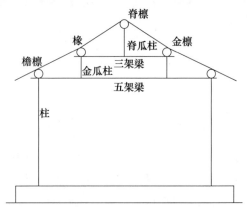

图 3-28　小式五檩木构架简图

任务五：1.～2. 以实测为准。3. 四个步架大致相同。

任务六：有中柱五檩木构架简图，如图 3-29 所示。

任务七：1. 椽当。2. 双数。3. 椽当。

任务八：下出尺寸和回水尺寸以实测为准，下出与回水之比约为 2∶1。

任务九：画八柱园亭平面示意图，如图 3-30 所示。

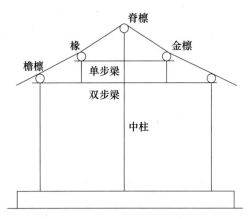

图 3-29　有中柱五檩木构架简图

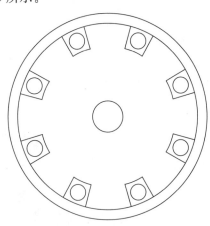

图 3-30　八柱园亭平面示意图

任务十：1. 十架梁，18 八架梁。2. 高。

任务十一：1. arctan0.5≈26.5°。2. 举架计算：檐步架高度 1200×0.5＝600，金步架高度 1000×0.7＝700，脊步架高度 1000×0.9＝900。脊檩下皮高：3000＋215＋600＋700＋900＝5415 毫米。3. 大船坞各步架举高约为，廊檐步五举，下金步五举至五五举，中金步六五举至七举，上金步七五举至八举，脊步九举至十举，如图 3-31 所示。

任务十二：1. 四。2. 三。3. 半。4. 四椽四当。

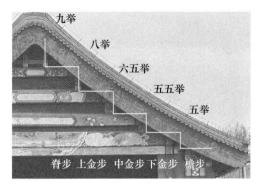

图 3-31 大船坞步架

任务十三：1. 构件个数如下表。

编号	名称	数量	编号	名称	数量
1	檐柱	6 根	11	脊瓜柱	3 个
2	檐檩	4 段	12	角背	3 对
3	檐枋	4 段	13	脊檩	2 段
4	檐垫板	4 段	14	脊枋	2 段
5	随梁枋	3 根	15	脊垫板	2 段
6	五架梁	3 根	16	燕尾枋	10 个
7	柁墩/金瓜柱	6 个	17	脑椽	104 根
8	金檩	4 段	18	檐椽	104 根
9	金枋	4 段	19	飞椽	104 根
10	金垫板	4 段	—	—	—

2. 悬山亭举架宽度、高度以实测为准。

项目三　知识梳理

1. 硬山七檩木构架各部分名称，如图 3-32 所示。

2. 檐柱向内侧倾斜的做法称为侧脚，檐柱的下面稍粗上面稍细称为收分。从檐柱中线到飞椽外皮，这段水平距离称为上出。檐柱中线到檐椽外皮的水平距离称为下出，从檐椽外皮到飞椽外皮的水平距离称为回水。下出＋回水＝上出，下出与回水的比例关系是 2∶1。

3. 从檐柱中线到飞椽外皮，这段水平距离称为"上出"，上出是由下出和回水组成。其中，檐柱中线到檐椽外皮的水平距离称为"下出"，从檐椽外皮到飞椽外皮的水平距离称为"回水"。飞头部分构造，如图 3-16 所示。

4. 不带中柱的梁，看其上面承托几根檩，名称为几架梁，如三架梁。带有中柱的

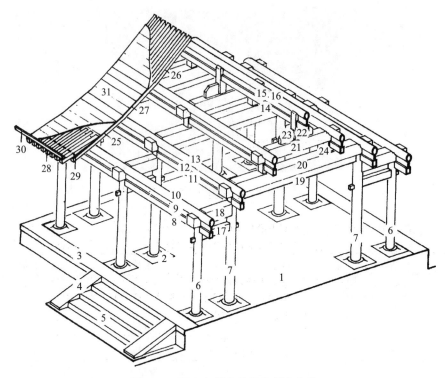

图 3-32　硬山七檩木构架各部分名称

1—台明；2—柱顶石；3—阶条石；4—垂带；5—踏跺；6—檐柱；7—金柱；8—檐枋；9—檐垫板；
10—檐檩；11—金枋；12—金垫板；13—金檩；14—脊枋；15—脊垫板；16—脊檩；17—穿插枋；
18—抱头梁；19—随梁枋；20—五架梁；21—三架梁；22—脊瓜柱；23—脊角背；24—金瓜柱；
25—檐椽；26—脑椽；27—花架椽；28—飞椽；29—小连檐；30—大连檐；31—望板

建筑，梁的名称看其跨了几个步架，跨一个步架的称为单步梁，跨两个步架的称为双步
梁，以此类推。

5.亭子抬高金檩的方法有长短趴梁的做法，向中心集中的梁架称为由戗，中心的
柱子称为雷公柱。除长短趴梁另外还有使用抹角梁的做法。

6.相邻两檩之间的水平距离称为步架宽度，垂直高度称为这个步架的举架高度。
举架高度和步架宽度的比值，就是这个步架的举值。一般小式建筑廊檐步架举高为五
举，称为五举拿头。

7.悬山建筑檩垫枋位置均向外挑出，檩从柱中向外挑出四椽四当，并进入到博缝
板内半椽当。檩下方有燕尾枋和三岔头支撑。

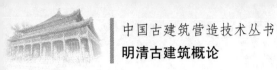

项目四　古建筑屋面

教学目标

通过故宫博物院古建筑群的学习，识记古建筑屋面瓦作为名词，学会区分不同屋面类型，掌握各种脊的艺术造型，记忆各种脊兽名称。

扫码听微课

学习路线

项目四课程学习地点在故宫博物院，从【甲】午门广场进入故宫，途经【乙】熙和门、【丙】弘义阁、【丁】太和殿、【戊】中右门、【己】中和殿、【庚】保和殿、【辛】乾清门广场至【壬】后宫三殿，完成项目四的学习任务，如图 4-1 所示。

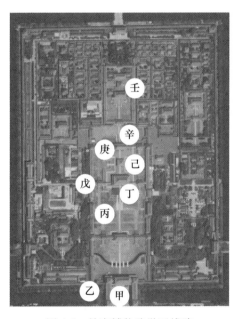

图 4-1　故宫博物院学习线路

课程导入

古建筑三段式的下段是台基、中段是木构架，上段是"屋面"，屋面的主要作用就是排水防雨、保暖及美化建筑。一个完整的屋面是由"背""瓦""脊"三部分组成的。在望板之上，使用层层灰泥和传统材料组成一个坚固的硬壳，称为"苫背"。在此之上进行瓦面施工，所以在建筑完好的状态下，很难看到苫背层。

古建筑瓦面施工称为"宽（wà）瓦"。脊的施工称为"调（tiáo）脊"。故宫博物院

房屋等级高，屋面形式、脊兽种类比较全面，在这里学习屋面的瓦面和脊的知识。

【乙】熙和门

从午门进入故宫博物院，向左行走到熙和门两边的朝房南侧，如图 4-2 所示。

图 4-2　熙和门南侧朝房

任务一　硬山悬山屋面

1. 故宫博物院的古建筑大多是黄色琉璃瓦屋面，也有一些建筑使用其他颜色的琉璃瓦或布瓦屋面。在朝房南侧可以看到两种瓦面的屋顶，完成第 1 题和第 2 题。

扫码听微课

2. 观察朝房的最高处，有用琉璃瓦件砌筑的脊，在房屋最高处的脊称为"正脊"。正脊将整个屋面的瓦分成前后两"坡"。从正脊两端出发，沿着进深方向延伸出去的脊，称为"垂脊"。垂脊向前后坡屋面各延伸出一条，房屋两侧共有四条垂脊。硬山和悬山建筑屋面的组成部分是：一条正脊、四条垂脊、前后两坡屋面。

3. 观察朝房后面（西侧）房屋的屋顶最高处，该单体没有明显正脊。房屋最高处由瓦件自然形成，这样的正脊称为"过垄脊"。有明显正脊的屋面称为"殿式"屋面，使用过垄脊的屋面称为"卷棚"屋面。

4. 卷棚屋面的建筑，木结构大多数是双脊檩的，但也有单脊檩的做法，朝房后面（西侧）房屋就是单脊檩卷棚屋面的做法。

练习题

1. 熙和门两边的朝房的建筑形式和瓦面是_____。

2. 朝房后面（西侧）的房屋建筑形式和瓦面是_____。

3. 画硬山建筑俯视示意图，标注各条脊的名称。

> **古建筑文化**：正脊的正中间称为龙口，正脊瓦件是空心的，在龙口的脊件中放有宝匣。匣内装有五色彩线、五种金属、五谷、五味药材等。每种物品都是五种，象征中国传统文化中五行。五行皆有祈求平安的寓意。

【丙】弘义阁

进入太和门，站在广场向西侧观看弘义阁，如图 4-3 所示。

图 4-3　弘义阁

任务二　庑殿屋面及二层楼建筑

1. 弘义阁庑殿建筑的特征清晰，正脊明显可见。与硬山建筑垂脊垂直于正脊不同，

庑殿建筑垂脊从正脊两端出发，直接向四个翼角方向延伸出去，形成一条优美的曲线。

扫码听微课

2. 庑殿建筑的屋面被分割成四块，除了前后两坡屋面，两侧山面也各有一坡屋面，称为"撒头"。单层檐庑殿建筑屋面的组成部分是：一条正脊、四条垂脊、四坡屋面。

3. 弘义阁与重檐建筑有所不同，主要区别是两层檐之间空间大，有门窗。这样的建筑称为"二层楼"建筑。在上层楼的柱子之间有木质的栏板，栏板下方是二层楼的地面。下层檐上方是琉璃制成的挂檐。

4. 二层楼与重檐建筑一样，下层檐也有四坡屋面。在下层屋面顶端有四条脊围成一圈，称为"围脊"。从围脊的四角向翼角伸展出四条脊，称为"角脊"。总结重檐或二层楼庑殿建筑的组成部分，完成第1题。

📖 练习题

1. 重檐或二层庑殿建筑屋面组成部分：共有_____条正脊、_____条垂脊、_____条围脊、_____条角脊、两层檐共有_____坡屋面。

2. 画重檐庑殿建筑俯视示意图，标注各条脊的名称。

【丁】太和殿

从弘义阁向北至太和殿，观察正脊上两侧的脊兽，如图4-4所示。

图4-4　太和殿正吻

任务三　脊　兽

1. 琉璃屋面的各条脊上均有种类不同的脊兽。正脊两侧有对称的脊兽，称为"正脊兽"。正脊兽体量较大，是由多块琉璃砖拼合而成的。正脊兽整体呈龙的造型，龙头朝内的脊兽称为"吻兽"，因其在正脊上也称"正吻""大吻"。

扫码听微课

2. 另一种正脊兽是龙头朝外，称为"望兽"。多用于城楼等处，有瞭望之意。北京中轴线上，正阳门、钟鼓楼等建筑的正脊兽使用的就是望兽，如图4-5所示。

图 4-5　望兽

3. 垂脊上的脊兽，称为"垂脊兽"，简称"垂兽"。在重檐建筑下层檐的角脊上，脊兽称为"角脊兽"，简称"角兽"。

4. 在下层檐四条围脊的两端都有围脊兽。太和殿的围脊使用吻兽，那么檐面和山面的吻兽就呈背靠背的姿态，这样的一对围脊兽称为"合角吻"。如果正脊使用望兽，那么围脊兽也要用望兽，称为"合角兽"。

📖 练习题

统计太和殿的脊兽：正吻有_____个，垂兽_____个，角兽_____个，合角吻_____对。

> **古建筑文化**：脊是屋面的分界线，每条脊上都有脊兽守护着，寓意卫戍边界。脊兽多用龙纹造型，象征着官式建筑的威严。在民间建筑上的脊兽变化则更多，尤其在岭南建筑中，飞鸟、走兽、鱼等动物的造型都会用在脊上，生动活泼贴近当地百姓生活。

【丁】太和殿

观察太和殿西南侧翼角，如图 4-6 所示。

图 4-6　太和殿西南侧翼角

任务四　小　　兽

1. 在垂脊兽和角脊兽的前面，还有一组形态各异的小型脊兽，称为"小兽"或"小跑"，小兽的数量、排列都有明确的规制。排在最前方的是"仙人骑鸡"简称"仙人"，仙人不计入小兽的数量。

扫码听微课

2. 小兽数量的规则一般是：仙人骑鸡之后到脊兽之前的小兽数量是单数，即仙人骑鸡后面加三个、五个、七个或九个小兽。小兽排列的规则一般是：一龙，二凤，三狮子，四天马，五海马，六狻猊，七押鱼，八獬豸，九斗牛，十行什。

3. 在古建筑实践中，因建造时的经费、琉璃瓦件的烧制、后期修缮等各种原因，小兽的数量和排列有特例做法。在故宫各个大殿中，保留着从明朝、清朝、民国到中华人民共和国成立后的各个时期的构件。对比故宫内各屋脊小兽做法和排列的不同，完成练习题。

4. 除琉璃屋面外，黑活屋面也有脊兽和小兽。清式黑活小兽的排列规律为：第一个使用"抱头狮子"，后面都是马，使用单数个，如图4-7所示。

图4-7　黑活小兽

📖 练习题

使用手机拍照，放大图片，对比小兽排列和造型上的不同点。

【丁】太和殿

清官式建筑小兽，如图4-8所示。

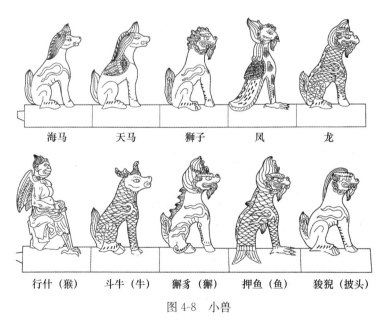

海马　　天马　　狮子　　凤　　龙

行什（猴）　　斗牛（牛）　　獬豸（獬）　　押鱼（鱼）　　狻猊（披头）

图4-8　小兽

1. 仙人骑鸡，鸡有明显的鸡冠、喙、嗉、羽、翅膀等，呈卧姿。仙人身着长袍服饰，头顶梳发髻，面容微笑端坐在鸡上。整个仙人是由头、身体、下方的方眼勾头三个

构件组成，其他小兽和下方筒瓦是一个完整的构件。

2. 龙，大龙头。龙首有发髻、胡须，龙身有鳞、云纹，后背有鳍、尾。

3. 凤，有冠、喙、嗉、翅膀、羽毛、爪等，尾部撒在后方。坐姿与其他小兽略有不同。

4. 狮子，有胡须，头顶有卷曲的毛发，身上光滑无鳞、有云纹，身后有尾。

5. 天马，马首，头顶到后背有鬃毛，有翅膀、尾。

6. 海马，与天马类似，身上有云纹。

7. 狻猊，字典读音 suān ní，有些工匠读 sō ní。造型与狮子相似，区别在于头顶没有卷发，而是直发从头顶披到后背，故俗称"披头"。

8. 押鱼，字典读音 yā yú，有些工匠读 xiā yú。造型与龙相似，区别在于两侧有覆盖到瓦件上的鱼尾，有爪，单字称"鱼"。

9. 獬豸，字典读音 xiè zhì，头形如龙、鱼。身上无鳞，有云纹，有背毛，单字称"獬"。

10. 斗牛，斗读 dǒu。牛首，身上有鳞、有云纹，有尾，单字称"牛"。

11. 行什，读 xíng shí 或 háng shí。人形，猴首，鹰嘴鹰爪，肋生双翅，手执法器，端坐在瓦件上面，单字称"猴"。只有太和殿出现第十个小兽，有行什的实物。

【戊】中右门

站在太和殿西侧，观看中右门，如图 4-9 所示。

图 4-9　中右门

任务五　单层檐歇山屋面

1. 歇山建筑正脊的造型与其他类型建筑基本相同，垂脊从正脊两端出发，垂直向前后两侧屋面延伸，大概至木构架檩桁位置。

2. 歇山建筑翼角上的脊，从垂脊的前端出发，沿着翼角向外延伸，称为"戗脊"，俗称"岔脊"。戗脊是歇山建筑特有的脊，戗脊上的脊兽称为"戗脊兽"，简称"戗兽"。

扫码听微课

3. 观看中右门的山面，博缝板下方的木板称为"山花板"，用来保护内部的木结构。山花板大多是贴金的金钱绶带的图案。在山花板下方，山面撒头之上的脊称为"博脊"。博脊也是歇山建筑特有的脊。

4. 单层檐歇山建筑屋面的组成部分是：一条正脊、四条垂脊、四条戗脊、两条博脊、四坡屋面。

📖 练习题

画歇山建筑俯视示意图，标注各条脊的名称。

【己】中和殿

走到太和殿北侧，观看中和殿，如图 4-10 所示。

图 4-10　中和殿

任务六　攒尖建筑屋面和瓦面

1. 攒尖建筑的最高处，称为"宝顶"。宝顶由上方的"顶珠"和下方的"顶座"组成，内部是雷公柱，如图 4-11 所示。中和殿的宝顶体量较大，是铜胎镏金做法，还有琉璃砖砌做法。黑活攒尖建筑的宝顶，多用砖雕的做法。

扫码听微课

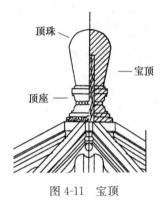

图 4-11　宝顶

2. 中和殿四条垂脊从翼角向上汇聚到宝顶最高处，在宝顶下方形成了一个脊做成的基座。

3. 屋面上琉璃瓦呈半圆形，从脊一直向下延伸到屋檐，称为一"垄"瓦，两垄瓦之间的空当称为"瓦当"。瓦垄延伸到屋檐的最后一块瓦称为"勾头"瓦，每块勾头瓦上方都有琉璃制的钉帽。两个勾头瓦之间的倒三角形瓦是"滴水瓦"或"滴子瓦"。

4. 观察中和殿各开间中线，探索宝顶、瓦头、椽头、匾额与中线的位置关系，完成练习题。

练习题

如果匾额在明间中线上，沿着匾额的中线向上，观察勾头和滴子，居中的是_____。找到次间中间的柱子中线，判断椽当是否居中，勾头或滴子是否居中。

【庚】保和殿

1. 中和殿北侧观察保和殿，如图 4-12 所示。

图 4-12　保和殿

任务七　重檐歇山屋面

在常见单体建筑中重檐歇山建筑的屋脊最为复杂，在学习了单檐歇山建筑和重檐建筑屋脊的基础上，自主学习重檐歇山建筑各脊、脊兽。

扫码听微课

📖 练习题

1. 围绕保和殿一圈，统计重檐歇山建筑各脊和脊兽的数量。

序号	名称	数量	序号	名称	数量
1	正脊		7	正吻	
2	垂脊		8	垂兽	
3	戗脊		9	戗兽	
4	围脊		10	合角吻	
5	角脊		11	角兽	
6	博脊		12	小兽	

2. 画重檐歇山建筑山面示意图，标明各脊的名称。

【辛】乾清门广场

在乾清门广场东西两侧，有盝顶井亭和悬山房，如图 4-13 所示。

图 4-13　乾清门西侧井亭

任务八　盝顶屋面

1. 盝顶建筑最高的脊称为"盝顶正脊"，因其造型是脊围成一圈，也称"盝顶围脊"。在盝顶建筑中正脊、垂脊和屋面的数量和建筑角数一样多。井亭为四角盝顶建筑，其屋面的组成部分是：四根盝顶正脊、四条垂脊、四坡屋面。

2. 盝顶建筑在每条正脊两端均有脊兽，使用的也是类化围脊的合角吻。盝顶正脊空间较小，又有吻兽，所以正脊显得较短。

3. 井亭旁边的悬山房较为低矮，可以近距离观看琉璃脊件。在檐面用到勾头和滴子在山面也有，覆盖在博缝上方，称为"排山勾滴"或"铃铛排山"。两侧铃铛排山向上汇聚于正吻侧面，观察铃铛排山居中方式，完成练习题。

4 铃铛排山与檐面勾滴汇聚在博缝头上方，两侧滴子钻入倾斜45°角的"螳螂勾头"下方，螳螂勾头上方是垂脊端头的瓦件和仙人骑鸡。

5. 观察琉璃垂脊，硬山悬山琉璃垂脊以垂兽为界分成前后两部分。兽前部分到垂脊端头是小兽，小兽距离垂兽有一块瓦的距离。兽后部分的脊略高于兽前，向上延伸到正吻。

练习题

在做正脊的建筑山面，铃铛排山以_____居中。

【辛】乾清门广场

乾清门西侧大门是隆宗门，进入隆宗门内向上观看其木结构，如图4-14所示。

图4-14　隆宗门木结构

任务九　不对称梁架

隆宗门的梁架是学习抬梁式九檩木构架的素材，各梁架对称有序，上中下金檩层次分明。开门在东侧下金檩。明间木结构做法有所不同，内侧（东侧）有檐柱和金柱，但外侧（西侧）只有檐柱，省去金柱的做法。梁架结构七架梁以下就不是对称的结构了，在原有金柱的位置使用了隔架斗拱传导荷载。梢间木结构相同位置又使用了金柱，两种做法形成了对比。

扫码听微课

站在保和殿后面，观看乾清门，如图 4-15 所示。

图 4-15　乾清门一封书影壁

任务十　一封书影壁

影壁是中国传统建筑中一种特有的墙体，有独立存在于院内院外的，也有倚靠建筑或大门两侧的影壁。在乾清门两侧有一段与开间方向一致的影壁，然后有向外侧撇出的影壁，这样的影壁称为"一封书"影壁，是等级最高的影壁形式。

扫码听微课

【壬】后宫三殿

故宫以乾清门为界，南侧的区域称为前庭，以太和殿等前三殿为代表，是皇帝处理朝政的场所。乾清门北侧的区域称为后宫，以乾清宫等后三殿和御花园为代表，是皇帝日常起居的场所。在此完成项目四的阶段测试。

任务十一　阶段测试

1. 观察乾清宫东南侧翼角，如图 4-16 所示，完成第 1 题。

2. 观察坤宁宫东南侧翼角，如图 4-17 所示，完成第 2 题。

3. 观察交泰殿山面瓦件，如图 4-18 所示，完成第 3 题。

扫码听微课

图 4-16　乾清宫东南侧翼角

图 4-17　坤宁宫东南侧翼角

图 4-18　交泰殿

阶段测试

1. 乾清宫最高的脊兽（图中①位置）称为_____，围脊上的脊兽（图中②位置）称为_____。

2. 坤宁宫上层檐的脊（图中③位置）称为_____，下层檐的脊（图中④位置）称为_____。

3. 交泰殿一侧瓦面有_____垄瓦。

古建筑文化：乾清宫、坤宁宫的乾和坤分别是八卦中的天和地，宫殿的名称有上天清朗，大地安宁的意思。传统文化中八卦的方位乾在南侧，坤在北侧，天南地北其位得正，相交安泰。故中间的大殿称为交泰殿。

项目四　总　　结

1. 经过项目四的学习，应掌握各类古建筑琉璃屋面的组成部分。能够使用专业术语描述各类屋面的艺术造型。

2. 能够辨识各类屋脊的做法，准确说出各条屋脊的名称。掌握脊兽的排列规律，能够区分脊兽的种类，小兽数量及排列规律，能够正确指认各小兽名称。

3. 掌握琉璃屋面瓦面的排列规律。

4. 课后作业：寻找身边的古建筑屋脊，使用专业术语描述它们，完成练习题。

练习题

寻找身边的古建筑，在下面写出名称或粘贴古建筑的照片，并进行描述。

项目四　课后评价表

评价项	得分
小测验	
学生自我评价	
小组互评	
课后作业	
教师评价	
学生签字：	教师签字：

项目四　参考答案

任务一：1. 硬山琉璃瓦屋面。2. 悬山布瓦屋面。3. 硬山建筑俯视示意图，如图4-19所示。

任务二：1. 一，四，四，四，八。2. 重檐庑殿建筑俯视示意图，如图 4-20 所示。

图 4-19　硬山建筑俯视示意图

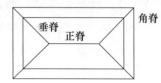

图 4-20　重檐庑殿建筑俯视示意图

任务三：二，四，四，四。

任务五：歇山建筑俯视示意图，如图 4-21 所示。

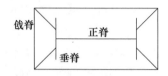

图 4-21　歇山建筑俯视示意图

任务六：滴子，是，否。

任务七：1. 重檐歇山建筑各脊和脊兽的数量如下表所示。

序号	名称	数量	序号	名称	数量
1	正脊	1 条	7	正吻	2 个
2	垂脊	4 条	8	垂兽	4 个
3	戗脊	4 条	9	戗兽	4 个
4	围脊	4 条	10	合角吻	4 对
5	角脊	4 条	11	角兽	4 个
6	博脊	2 条	12	小兽	8 组每组 9 个

2. 重檐歇山建筑山面示意图，如图 4-22 所示。

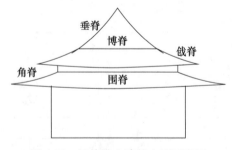

图 4-22　重檐歇山建筑山面示意图

任务八：勾头。

任务十一：1. 正吻，合角吻。2. 垂脊，角脊。3. 以实测为准。

项目四　知识梳理

1. 位于古建筑的上段为屋面，一个完整的屋面是由"背""瓦""脊"三部分组成的，在施工中称为苫背、宽瓦、调脊。

2. 在房屋最高处的脊称为正脊，不做正脊使用瓦件自然形成弧度，称为过垄脊。有明显正脊的屋面称为殿式屋面，使用过垄脊的屋面称为卷棚屋面。

3. 硬山和悬山建筑屋面的组成部分是：一条正脊、四条垂脊、前后两坡屋面。

4. 庑殿建筑除了前后两坡屋面，两侧山面也各有一坡屋面，称为撒头。单层檐庑殿建筑屋面的组成部分是：一条正脊、四条垂脊、四坡屋面。

5. 二层楼与重檐建筑下层屋面顶端有四条脊围成一圈。从围脊的四角向翼角伸展出四条脊，称为角脊。重檐或二层庑殿建筑屋面组成部分：共有一条正脊、四条垂脊、四条围脊、四条角脊、两层檐共有八坡屋面。

6. 歇山建筑正脊和垂脊与硬山造型基本一致，翼角上的脊，从垂脊的前端出发，沿着翼角向外延伸，称为戗脊。山面撒头之上的脊称为博脊。单层檐歇山建筑屋面的组成部分是：一条正脊、四条垂脊、四条戗脊、两条博脊、四坡屋面。重檐歇山屋面脊件最为复杂，在单檐歇山的基础上增加四条围脊和四条角脊。

7. 攒尖屋面的最高处称为宝顶，从宝顶向四角延伸出垂脊。四角攒尖建筑的屋面的组成部分是：一个宝顶、四条垂脊、四坡屋面。

8. 盝顶建筑最高的脊称为盝顶正脊或盝顶围脊。在盝顶建筑中正脊、垂脊和屋面的数量和建筑角数一样多。四角盝顶建筑屋面的组成部分是：四根盝顶正脊、四条垂脊、四坡屋面。

9. 琉璃屋面大多数脊上都有脊兽，正脊两侧有对称的脊兽，称为正脊兽，龙头朝内的正脊兽称为吻兽、正吻。龙头朝外侧的正脊兽，称为望兽，多用于城楼等处。除了正脊兽还有垂脊兽、戗脊兽、角脊兽等，简称时可以省略掉中间的脊字。围脊兽是成对出现的，称为合角吻，或合角兽。

10. 在翼角上的脊，在脊兽前方还有小兽。仙人骑鸡之后到脊兽之前的小兽数量是单数，即仙人骑鸡后面加三个、五个、七个或九个小兽，只有太和殿上有十个小兽。小兽排列规则一般是：一龙，二凤，三狮子，四天马，五海马，六狻猊，七押鱼，八獬豸，九斗牛，十行什。

11. 屋面上琉璃瓦呈半圆形，从脊一直向下延伸到屋檐，称为一"垄"瓦，两垄瓦之间的空当称为"瓦当"。瓦垄延伸到屋檐的最后一块瓦称为"勾头"瓦，每块勾头瓦上方都有琉璃制的钉帽。两个勾头瓦之间的倒三角形瓦是"滴水瓦"或"滴子瓦"。大多数屋面都是滴水瓦座中。

12. 在建筑山面，博缝砖之上的勾头和滴水瓦称为排山勾滴，或铃铛排山。殿式有正脊的屋面铃铛排山勾头座中，卷棚屋面铃铛排山滴子座中。

项目四　笔记

项目五　墙体和大式古建筑

教学目标

通过中山公园和太庙古建筑群的学习，掌握墙体构造特点及艺术造型，学会区分不同类型的斗拱，大式古建筑构造特点。

扫码听微课

学习路线

项目五课程学习地点在中山公园及太庙，从【甲】中山公园西门进入公园，途经【乙】荡舟船坞、【丙】宰牲亭、【丁】神库神厨、【戊】中山堂社稷坛，出中山公园东门。经过【己】阙左门进入太庙，经【庚】享殿广场，最后到【辛】戟门侧门，完成项目五学习任务，如图5-1所示。

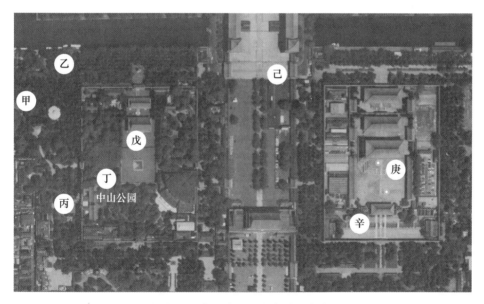

图5-1　中山公园和太庙学习线路

课程导入

斗拱是中国传统建筑中特有的构件，通过层层榫卯组合达到挑出屋面、传导荷载、美化建筑的效果。使用斗拱的建筑称为大式建筑，在计算构件尺寸时使用"斗口"作为权衡。斗拱的位置一般在下层支撑木结构与上层梁架木结构之间。

唐宋时期的古建筑为了保护墙体，房屋出檐较大，所以斗拱体量也较大。明清时期随着砖墙广泛使用，墙体有一定的防水性，房屋出檐逐步变小，斗拱的体量也随之变

小。小式建筑中的部分墙体还出现了不出檐的"封护檐墙"做法。

古建筑的中段，除了木结构的柱还有墙体。明清古建筑墙体多以砖砌筑，墙体中间靠灰浆黏结。由于墙体本身并不承重，所以有"墙倒屋不塌"的特点。

中山公园和太庙的学习线路中，主要建筑均为大式建筑，斗拱种类从简到繁，并且可以看到大小式建筑的各类墙体。

【乙】荡舟船坞

从中山公园西门进入公园后，向北侧行走至荡舟船坞。荡舟船坞是一组小式建筑院落，站在房屋山面观看，如图 5-2 所示。

图 5-2　荡舟船坞山墙

任务一　小式硬山山墙

1. 小式硬山建筑两侧的墙体称为"山墙"，硬山建筑的典型特征是，山墙从台基向上一直砌筑到屋面。小式山墙各部分构造如图 5-3 所示。

2. 山墙上下使用两种砖砌筑。山墙的下方称为"下碱"砖体较大，山墙上方称为"上身"，砖体较小。下碱和上身的分界线，称为"花碱"。测量山墙的下碱、花碱，完成第 1 题和第 2 题。

扫码听微课

3. 山墙顶端的三角形墙体，称为山墙的"山尖"部分。山尖与上身的分界线是墙体的"挑檐"部分。根据等级不同挑檐的形式有石挑檐、砖挑檐等多种形式。

4. 山墙上身最上方有两层向外突出的砖檐，称为"头层拔檐""二层拔檐"，再向上是砖砌筑的"砖博缝"。估算墙体上身到头层拔檐高度，完成第 3 题至第 5 题。

5. 墙体砌筑时，砖较长的一面露在外面称为"顺头"，较短的一面露在外面称为

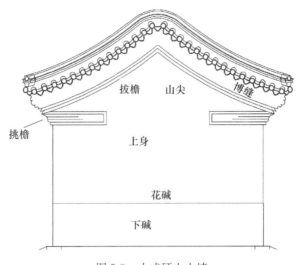

图 5-3　小式硬山山墙

"丁头"。观察墙体上身砖的排列形式，完成第 6 题。

📖 练习题

1. 下碱砖的层数为_____层。

2. 墙体的上身比下碱宽度稍窄，测量花碱向内侧退的尺寸是_____。

3. 测量五层上身砖的高度为_____。

4. 从花碱到头层拔檐砖的层数_____层。

5. 估算山墙上身高度为_____。

6. 墙体上身砖的排列形式是每隔_____个顺头有一个丁头。

【乙】荡舟船坞

转至房屋正面，观察山墙两侧的正面，如图 5-4 所示。

图 5-4　墀头和槛墙

任务二　墀　头

1. 山墙两端转到房屋正面称为"墀头"。墀头分为下碱、上身、盘头三部分。墀头墙体的下碱与山墙山面下碱同高，上身到山墙挑檐位置，同样也退花碱。

扫码听微课

2 墀头上身以上称为"盘头"部分，盘头用砖一层层堆叠，逐层出挑，转到山墙部分与挑檐相连接。常见六层盘头自下而上分别是荷叶礅、混砖、炉口、枭、头层盘头、二层盘头。头层盘头和二层盘头转到山面就是头层拔檐和二层拔檐。

3. 在二层盘头之上是一块倾斜放置的戗檐砖，墀头构造如图5-5所示。观察戗檐砖与上方木构件，戗檐砖与侧面瓦石构件，完成第1题和第2题。

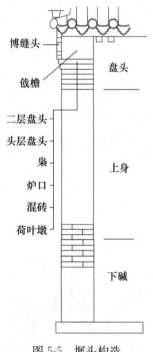

图 5-5　墀头构造

4. 博缝头造型是在砖的一边分割出三段距离，在这三段距离中画五条弧线，称为三匀五洒。这个艺术造型广泛应用在古建筑之中。

📖 练习题

1. 挡住戗檐砖的木构件是_____。

2. 侧面遮蔽戗檐砖的瓦石构件是_____。

3. 下面方框是一个方砖，画出三勺五洒示意图。

【乙】荡舟船坞

转至廊步架观看廊心墙，如图 5-6 所示。

图 5-6　落膛做法廊心墙

任务三　廊心墙和槛墙

1. 山墙从墀头转向房屋内侧，柱前的部分称为墙体的"腮"。柱后的部分所做的墙体称为"廊心墙"，廊心墙下碱和山墙下碱做法类似。

2. 廊心墙上身是使用外宽内窄两层砖砌筑方边，逐层向内凹，墙

扫码听微课

心使用方砖菱形放置，在最上方有一条"小脊子"与穿插枋相接。这种做法为"落膛"做法，是廊心墙最为规矩的做法。有时为了墙心落膛能排出整砖好活，会适当调整廊心墙下碱的高度。

3. 穿插枋与抱头梁之间的空当称为"穿插当"，抱头梁之上的三角形墙体称为"象眼"。穿插当与象眼位置多见砌砖、砖雕、镂画等做法。

4. 中山公园来今雨轩两侧房屋的廊心墙是开门做法，称为廊门。廊门上有砖挑檐，博缝头使用砖雕，如图 5-7 所示。除了落膛做法和开门做法之外，廊心墙还有抹白灰、砖雕、彩画等多种做法。

图 5-7　廊心墙开门做法

5. 房屋窗户下面的墙称为"槛墙"，槛墙之上的窗台称为"榻板"。槛墙墙心部位向内凹，这样的墙体艺术造型称为"池子"，在一些墙体上身中也有应用。

📖 绘图练习

画落膛做法廊心墙示意图

> **古建筑文化：**落膛做法的砖是菱形放置的，好像旧时中药铺外面悬挂的菱形幌子，所以这样砌砖有"膏药幌子"的说法。

【乙】荡舟船坞

绕行荡舟船坞院落一圈，观察院墙，如图5-8所示。

图 5-8　荡舟船坞院墙

任务四　院　　墙

1. 荡舟船坞是一组院落，在院落的周围的墙体称为"院墙"。院墙由下碱、上身、墙帽三部分组成。

2. 荡舟船坞院墙的上身采用抹白灰的做法，在墙身开的窗户造型优美，形状各异，称为"什锦窗"。抹白灰加什锦窗的做法是园林中常见的墙体形式。

扫码听微课

3. 墙体的最高处称为"墙帽"，荡舟船坞院墙的墙帽采用"花瓦顶"的形式，在民居中花瓦的形式更为常见。大式墙体的墙帽做法与屋面类似，在墙体上身上方还要有出檐。

4. 围绕荡舟船坞院落一圈，可以看到院落四周有随墙门木门，随墙门造型各异，有八角的、圆形的、四方的。这些都是常见的园林中院落开门的做法，如图5-9所示。

图 5-9　荡舟船坞院门

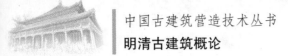
📖 **绘图练习**

画出什锦窗的示意图。

古建筑文化： 在荡舟船坞向北侧观看，可以看到故宫博物院西南侧城墙和角楼，如图 5-10 所示。

图 5-10　故宫博物院西南侧城墙和角楼

古建筑各类墙体中体量最大的是城墙，城墙区别于其他大型墙体有两个典型特征，一是有较宽的城台，二是有防御功能的垛口。没有这两个特征的大型墙体称为宫墙。墙体还有一个显著的特征"正升"，指墙体向内侧倾斜，这个特点是为了墙体稳固。

【丙】宰牲亭

从荡舟船坞向南至宰牲亭，观看路西侧四角亭，如图 5-11 所示。进入亭内向上观看其木结构，如图 5-12 所示。

图 5-11　四角亭

图 5-12　四角亭仰视木结构

任务五 四角亭和翼角

1. 四角亭有四个角檐柱，柱头上方的构件是"角云"，与四边的檩垫枋相交。在亭内侧向上观看，可以看到四根梁，梁的两头搭在檩的中间位置，四根梁呈斜角放置。在攒尖建筑中这样的梁称为"抹角梁"，使用抹角梁是攒尖建筑抬升梁架的常见做法。

扫码听微课

2. 抹角梁向上是四根金檩，抹角梁的中点也就是金檩檩头的交接部位，称为"交金"点。从交金点出发向四角延伸，经过角云一直到亭子外面的构件称为"老角梁"，老角梁之上的是"仔角梁"。从亭子外侧观看角檐柱、角云、老角梁、仔角梁是支撑翼角的木结构构件。

3. 在两交金点内侧，从金檩向檐檩伸出的檐椽，称为"正身椽"。在交金点以外，椽子向翼角逐个伸展开来，越靠近角梁椽身越长且角度越倾斜，称为"翼角椽"。统计正身椽和翼角椽的数量，完成第1题。

4. 所有包含翼角的大小式建筑，均有其交金点，确定交金点的位置是掌握该建筑木结构翼角的关键。在木结构中交金点的做法也有很多种。

练习题

1. 在亭子的一侧共有正身椽_____根，翼角椽_____根。

2. 在下图中确定四个交金点的位置，并在四个翼角的区域画阴影。

【丙】宰牲亭

转向路东侧宰牲亭，如图5-13所示。

图 5-13　宰牲亭

任务六　大式建筑及斗拱

扫码听微课

1. 《清式营造则例》中指出："大木是指建筑物一切骨干木架的总名称。大小形制有两种，有斗拱的大式，和没有斗拱的小式。"大式建筑使用斗拱的斗口作为权衡尺寸，小式建筑使用檐柱柱径作为权衡尺寸。大小式建筑构件名称也会有些变化，如檐枋在大式建筑木结构中称为"额枋"。

2. 观察宰牲亭额枋之上的斗拱。斗拱中最下方的构件称为"坐斗"，坐斗之上向左右伸展出的构件是"瓜拱"，瓜拱上承托着三个小的斗称为"升子"，称为"一斗三升"斗拱，如图 5-14 所示。

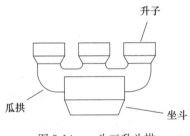

图 5-14　一斗三升斗拱

3. 以一个坐斗为基点，向上伸展出一"攒"斗拱，其中有坐斗、升子的"斗类"构件，也有像瓜拱一样横向的"拱类"构件。斗拱通过斗和拱的层层堆叠，达到抬升梁架、挑出屋面的作用。

4. 在两攒斗拱之间的构件是"垫拱板"。在三个升子上方有一条"正心枋"。檩在大式建筑中称为"桁"，在正心枋上面的桁称为"正心桁"。枋类构件和桁类构件也是斗拱组成的重要部件。

📖 绘图练习

画一斗三升平身科斗拱正面示意图（注意瓜拱的弧线是由三段直线组成）。

> **古建筑文化：** 关于斗拱名字的由来，斗的形状是倒梯形，形如装米用的斗，故名斗。斗两侧伸展出的构件，因其边缘有拱形的弧线，故名拱。斗拱因多使用木材制作，拱字也写作木字旁"栱"，现在书籍和资料中，这两种写法都存在。

【丙】宰牲亭

观察宰牲亭上层檐斗拱，如图 5-15 所示。

图 5-15　宰牲亭上层斗拱

5. 宰牲亭围脊上方是上层檐的额枋，额枋在两端出头，也有三匀五洒的造型，称为"霸王拳"。额枋之上，承托坐斗的扁平构件是"平板枋"，下层檐未使用这个构件。

6. 上层檐的斗拱，在一斗三升斗拱的基础上，中间的升子变化为云纹造型的"麻叶云头"。这样的斗拱称为"一斗二升交麻叶"斗拱。一斗三升和一斗二升交麻叶的斗拱做法最为简单，只是抬高了建筑中垫板位置的高度，实质上并未向前后方向出挑。

7. 观察斗拱的外观造型分为三类。在建筑物四角，翼角下方的斗拱，称为"角科"斗拱。角科斗拱结构最为复杂，要向檐面、山面和翼角方向出挑。

8. 在柱子上方的斗拱称为"柱头科"斗拱，典型特征是坐斗偏大。柱头科斗拱居中的构件，实际上是梁延伸到外侧到坐斗的上方，称为"挑尖梁"或"桃尖梁"。

9. 在房屋开间中间的斗拱称为"平身科"斗拱。平身科斗拱的构造相对较为简单，在一个建筑单体中数量也最多。环绕宰牲亭一圈，统计各类斗拱攒数及斗拱造型，完成练题。

练习题

单位：攒

宰牲亭斗拱统计表

	斗拱造型	角科	柱头科	平身科
上层				
下层				

【丁】神库神厨

进入社稷坛内坛，观察西侧神库神厨的山墙，如图5-16所示。

图5-16　悬山墙体砌筑到顶

任务七　悬山建筑墙体

1. 神厨和神库的山墙下碱较矮，上身抹红灰直到椽子望板处，山墙两头并不包砌到柱子前面，而是砌筑到柱子山面中线附近位置。这种悬山墙体做法是墙体砌筑到顶的做法。

扫码听微课

2. 观察神厨和神库的悬山挑出，在体量较大使用斗拱的悬山建筑中，很多挑出五椽、五椽半，甚至六椽的例子，如图 5-17 所示。

图 5-17　悬山屋面挑出

3. 除了砌筑到顶的悬山山墙做法之外，还有两种常见做法，一种是墙体砌筑到梁下皮位置，上层木构架露明的做法。在中山公园社稷坛南门外侧有这样的实例，如图 5-18 所示。

4. 另一种做法是悬山山墙跟随梁架结构砌筑成阶梯状，称为五花山墙。在景山公园东门内两侧有这样的实例，如图 5-19 所示。

图 5-18　悬山墙体砌筑到梁下皮

图 5-19　悬山墙体五花山墙

练习题

观察其他悬山屋面单体，进行墙体做法以及下碱、上身砌筑方法分类。

> **古建筑文化**："社"指土地，社稷坛的中心是来自全国各地的五色土，象征着全国领土一统天下。"稷"是土地上生长的谷物，象征中国古代是农耕社会。社稷坛是国庙，太庙是家庙，两庙左右相对，体现了古代"左祖右社"的都城设计理念。

【戊】中山堂社稷坛

社稷坛北侧中山堂，观看山面墙体，如图 5-20 所示。

图 5-20 中山堂山面墙体

任务八 大式建筑墙体

1. 大式建筑的墙体自下而上分为三部分，下碱、上身、签尖。下碱常用磨砖对缝的干摆做法，还有石材做法、琉璃龟背锦等做法。上身通常抹红灰，也有用砖砌的做法。

2. 在墙体上身最高处，有向内侧收至额枋下皮的斜角，这部分称为"签尖"。有些墙体在上身和签尖的分界处，还有一层使用砖砌筑的签尖拔檐。

扫码听微课

3. 在古建筑中墙体有时有一定的倾斜，称为"升"。墙体上方向内侧倾斜，称为正升，大式建筑可观察出墙体正升。

4. 观察中山堂山面墙体，在下碱和上身的墙体上，留有通风的口，称为"透风"。观察墙体透风位置及数量，完成第 1 题和第 2 题。

5. 中山堂南侧的社稷坛，四边是由各色琉璃组成的围墙。其琉璃颜色按照传统文化五行之说进行排列。墙体也大致分为下碱、上身等部位，不同的是围墙之上有出檐，最上方有墙帽。

练习题

1. 观察墙体透风的位置，墙体后面应是木结构的_____。

2. 观察墙体透风个数，每组透风从上到下由_____个透风组成。

> **古建筑文化：**"没有不透风的墙"，在古建筑中墙体上大都设有"透风"，有的是柱子外的透风，也有山尖部分的透风，其作用都是为了建筑物发散潮气。

【己】阙左门

出中山公园东门，在故宫午门广场东侧，观看阙左门斗拱，如图 5-21 所示。

图 5-21　阙左门斗拱

任务九　三踩斗拱

扫码听微课

1. 观察阙左门上的斗拱，从中心向建筑外侧伸展出一层，称为"出踩"。观察阙左门内侧，如图 5-22 所示，斗拱向内侧也出了一踩。这两踩加上中间一踩，一共三踩，称为"三踩斗拱"，如图 5-23 所示。斗拱出踩越多，屋面挑出也就越大，斗拱层数也就越多。

图 5-22　阙左门斗拱内侧及木结构

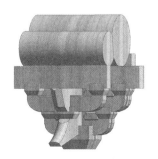

图 5-23　三踩斗拱

2. 从坐斗中间向外侧伸出一个较长的构件，称为"昂"。昂延伸到建筑内侧，是形如瓜拱的翘头。在昂头上方向外侧挑出的构件是"蚂蚱头"。蚂蚱头延伸到建筑内侧，是形如角云的麻叶云头。这两个都是斗拱的纵向构件，与横向的拱类构件使用榫卯相接。描述斗拱的纵向构件，使用"某某头后带某某头"，完成下方练习题。

3. 昂位于坐斗正中，昂的宽度正好是坐斗宽度的1/3。坐斗中间的这个缺口，称为"斗口"。大式建筑的所有构件，都以斗口为权衡。例如，坐斗的宽度为3斗口，昂的宽度为1斗口。

4. 从昂头左右出拱，再向上蚂蚱头和两个升子承托的枋子是"挑檐枋"，挑檐枋之上的檩桁称为"挑檐桁"。檐椽搭在正心桁和挑檐桁之上，形成大式建筑出檐。

5. 阙左门的檐柱柱头两侧，在额枋下面的有一对三角形的构件，称为"雀替"。其作用是辅助柱子对额枋进行支撑。雀替常见雕刻有各种图形，并做有彩画或贴金。

📖 练习题

三踩斗拱的两层纵向构件可称为_____和_____。

【庚】享殿广场

进入太庙享殿广场，在享殿台基上观察配殿斗拱如图 5-24 所示。

图 5-24　配殿斗拱

任务十　五踩斗拱及出踩更多的斗拱

1. 太庙享殿两侧配殿的斗拱，比阙左门斗拱出踩更多一层，前后共出五踩，称为五踩斗拱。

2. 斗拱纵向构件从坐斗向上，并没有使用昂，而是使用拱形"翘头"。连续两层翘头之上是蚂蚱头，这样的斗拱称为"重翘五踩斗拱"。如果纵向构件使用翘头加昂头的组合，则称为"单翘单昂五踩斗拱"。

3. 享殿广场南侧戟门的斗拱，从坐斗向上，是一层翘头加两层昂头，共出七踩，

扫码听微课

称为"单翘重昂七踩斗拱"，如图 5-25 所示。

4.体量较大的大式建筑，如太庙享殿的额枋是由上下两层组成的，上方较大的称为"大额枋"，下方较小的称为"小额枋"，中间的构件称为"由额垫板"，观察享殿上层檐的斗拱出踩更多，如图 5-26 所示，完成练习题。

图 5-25　戟门斗拱　　　　　　　　　　　图 5-26　享殿上层斗拱

练习题

太庙享殿上层檐的斗拱可称为_____。

【辛】戟门侧门

出太庙享殿广场，观察戟门侧门，如图 5-27 所示。在此完成阶段测试。

图 5-27　戟门侧门

任务十一　阶段测试

按照图 5-27 中的位置，指出大式建筑各部件名称，完成阶段测试。

扫码听微课

📖 阶段测试

1. 图中一号位置是 _____，图中二号位置是 _____，图中三号位置是_____，图中四号位置是_____，图中五号位置是_____。
2. 侧门共有_____个平身科斗拱。
3. 统计一侧翼角椽的个数_____。

项目五　总　　结

1. 经过项目五的学习，应掌握古建筑墙体的基本分类，以及各部分名称和关系。能够使用文字描述一个古建筑墙体各部位的基本造型。
2. 能够区分大式建筑和小式建筑，掌握各种斗拱的艺术造型。根据斗拱出踩使用的构件，正确称呼斗拱的名称。
3. 掌握古建筑翼角的基本规律，能够正确找到带翼角建筑的交金点，可以正确统计翼角椽子的根数。
4. 课后作业：寻找身边的古建筑墙体或斗拱，使用专业术语描述它们，完成练习题。

📖 练习题

寻找身边的古建筑，在下面写出名称或粘贴古建筑的照片，并进行描述。

项目五　课后评价表

评价项	得分
阶段测验	
学生自我评价	
小组互评	
课后作业	
教师评价	
学生签字：	教师签字：

项目五　参考答案

任务一：1. 七。2. 以实测为准。3. 以实测为准。4. 以实测为准。5. 以实测为准。6. 三。

任务二：1. 大连檐。2. 博缝头。3. 博缝头三匀五洒示意图，如图 5-28 所示。

任务三：落膛做法廊心墙示意图，如图 5-29 所示。

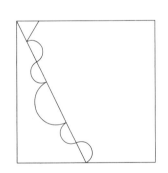

图 5-28　博缝头三匀五洒示意图

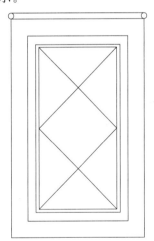

图 5-29　落膛做法示意图

任务四：什锦窗示意图，如图 5-30 所示。

任务五：1. 以实测为准，以实测为准。2. 交金点和翼角区域示意图，如图 5-31 所示。

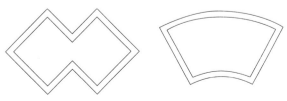

图 5-30　什锦窗示意图

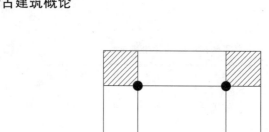

图 5-31　交金点和翼角区域示意图

任务六：

宰牲亭斗拱统计表　　　　　　　　　　　　　　　　　单位：攒

	斗拱造型	角科	柱头科	平身科
上层	一斗二升交麻叶	4	8	8
下层	一斗三升	4	8	24

任务八：1. 柱。2. 三个。

任务九：昂头后带翘头，蚂蚱头后带麻叶头。

任务十：双翘双昂九踩斗拱。

任务十一：阶段测试

1. 额枋，平板枋，挑檐枋，挑檐桁，雀替。2. 以实测为准。3. 以实测为准。

项目五　知识梳理

1. 小式硬山建筑的墙体由房屋两侧的山墙、窗子下的槛墙组成，部分建筑有后檐墙。山墙两端转到房屋正面称为墀头，转到廊步架的一段称为廊心墙。山墙是由下碱、上身、山尖组成，山尖上方有两层拔檐和砖砌筑的博缝。

2. 墀头墙体有下碱、上身、盘头三部分组成，常见六层盘头自下而上是荷叶礅、混、炉口、枭、头层盘头、二层盘头，最上方还有倾斜放置的戗檐砖。有些出檐较小的房屋，使用五层盘头，中间省去炉口一层。

3. 廊心墙自下而上由下碱、上身、穿插当、象眼组成，廊心墙有砖砌筑的落膛做法、廊心墙开门、抹白灰、彩画等多种做法。

4. 院落的周围的墙体称为院墙，院墙由下碱、上身、墙帽三部分组成。墙体上身多见抹灰软心池子、什锦窗等做法。

5. 悬山建筑墙体有三种常见做法，一是墙体砌筑到顶的做法，二是墙体砌筑到梁架下皮，露出木构架的做法，三是墙体依木结构梁架砌筑成阶梯状的五花山墙做法。

6. 大式建筑墙体是由下碱、上身、签尖三部分组成。有些签尖部分还有砖砌筑的

签尖拔檐。山墙一般不包砌到建筑正面。大式建筑墙体能够看出明显向内侧倾斜，称为正升。大小式墙体多见砖雕透风，透风内侧为柱子，便于柱子散潮。

7. 攒尖、歇山、庑殿建筑都包含有翼角，翼角的承重构件自下而上是角檐柱、角云（大式角科斗拱）、老角梁、仔角梁。带翼角的建筑从木结构中都可以找到交金点，交金点外侧是这个建筑的翼角区，所用的椽子是翼角檐椽、翼角飞椽。翼角椽逐步伸展，向外翘起，形成翼角的曲线。

8. 是否使用斗拱，是否以斗口为权衡计算构件尺寸，是区分大式建筑的关键。大式建筑的枋称为额枋，使用两层额枋的中间有额垫板。额枋下在柱两侧是雀替。额枋之上一般有平板枋，在平板枋上是斗拱。位于建筑四角的是角科斗拱，柱头之上的是柱头科斗拱，房屋开间中间的是平身科斗拱。

9. 一攒斗拱的构件大致如下：

① 斗类构件有坐斗（大斗）、三才升、槽升子、十八斗等几种；②横向的拱类构件的弧线实际是直线连接而成，称为卷杀，有瓜拱、万拱、厢拱等几种；③纵向构件在建筑外侧的多用翘头、昂头组合，最上方使用蚂蚱头。建筑物内侧多用翘头、菊花头、六分头、麻叶云头的组合；④枋类构件按位置分为正心枋、挑檐枋、井口枋、外拽枋、里拽枋等几种；⑤桁类构件由桁碗、正心桁和挑檐桁组成。另外角科斗拱还有向外斜的构件。以重昂五踩平身科斗拱为例，剖面如图5-32所示。

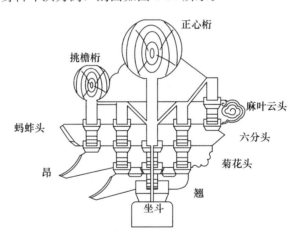

图 5-32　重昂五踩平身科斗拱剖面图

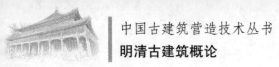

项目五 笔记

项目六　古建筑彩画

教学目标

通过北海公园东岸及景山公园古建筑群的学习，识记古建筑彩画作为名词，学会区分不同彩画类型，掌握彩画各部分艺术造型。

扫码听微课

学习路线

项目六课程学习地点在北海公园东岸及景山公园，从【甲】北海公园北门进入公园向南行走，途经【乙】先蚕坛、【丙】濠濮间与画舫斋，出北海公园东门。向东行走经过【丁】陟山门街，至【戊】景山公园西门，向东北到【己】寿皇殿，最后到【庚】万春亭，完成项目六学习任务，如图 6-1 所示。

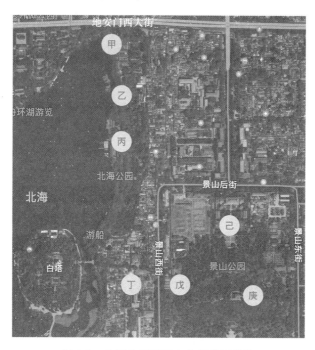

图 6-1　北海公园至景山公园学习线路

课程导入

传统油漆彩画工艺为古建筑增加色彩，披上华丽的外衣。在明清时期，古建筑彩画等级严格，宫殿、庙宇、衙门、王府、园林、民居等，根据不同等级对应不同的彩画图谱和绘制技法。在同一类彩画中也有很大的变化，等级越高，画法越复杂、贴金量越大，造价越高。

油漆彩画分为油漆作和彩画作两个工种。油漆作是使用血料、麻、桐油、漆料、灰等传统材料，在木结构外一层一层地进行包裹，形成较厚的硬壳，称为"地仗"，其作用是保护木质结构。在地仗外面再逐层刷多层油漆，或进行彩画的绘制。

现存的古建筑彩画图谱大多数是明清时期遗留下来的，项目六的路线任务，可以学习到大多数彩画的类型和典型图谱。

【乙】先蚕坛

从北海北门向南行走，到先蚕坛南门，如图 6-2 所示。

图 6-2　先蚕坛南门

任务一　旋子彩画

1. 观察先蚕坛南门梢间的彩画样式，可以看到在额枋上的彩画，中间枋心两侧有一组圆形的图案，如图 6-3 所示。这种以蓝色和绿色为主，由中间的旋（xué）眼（旋子心）和围在外面的花瓣组成的图案称为旋子。包含旋子图形的彩画，称为"旋子彩画"。

扫码听微课

2. 旋子彩画是明清彩画中一个重要的分类，旋子彩画的等级分类很多，图谱样式非常丰富。用于各类官式建筑中。

3. 额枋居中位置称为"枋心"，枋心的宽度与额枋宽度的比例是固定的。探究枋心长度完成第 1 题至第 3 题。

4. 先蚕坛梢间彩画的枋心图案形如织锦，是很常见的宋锦枋心。明间的枋心虽然被匾额挡住，但能看出有贴金的龙形图纹。龙纹与宋锦的组合称为"龙锦枋心"组合。

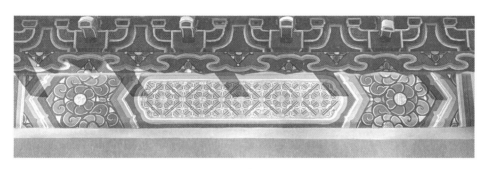

图 6-3　旋子彩画

练习题

1. 估算枋心大概占整个额枋的_____。
2. 根据柱头位置测量梢间宽度。
3. 按照枋心与额枋的比例关系和梢间宽度估算枋心的长度。

古建筑文化： 在北京的坛庙建筑中，先农坛和先蚕坛分别是皇帝和皇后祭祀的场所。皇帝在先农坛耕地，皇后在先蚕坛缫丝织布，体现了中国古代男耕女织的社会特征。

【乙】先蚕坛

从先蚕坛南门向南，在路的东侧有蚕坛饭庄，如图 6-4 所示。

图 6-4　蚕坛饭庄

任务二　箍头彩画

1. 在一些民居或等级较低的建筑上，有相对简单的"箍头彩画"。箍头彩画是在柱头和檩垫枋的两端绘制彩画，在其他地方保留红色的油漆。彩画作把枋子两端的位置称为箍头。

扫码听微课

2. 梁头彩画大多绘制有文博特征的图案，如瓷器、青铜器、文房四宝、古书画轴、玉翠珊瑚等，故而彩画作称梁头部位为"博古"，在一些民间建筑中也有画花鸟等图案的做法。

3. 在蚕坛饭庄箍头彩画的箍头中间有"回形"图案，两侧有圆形的"连珠"和分割的"箍头线"。探究箍头彩画的颜色分区，完成第1题至第6题。

4. 檐椽和飞椽的彩画样式多种多样，蚕坛饭庄的檐椽是以蓝色为底绿叶红花的图案，飞椽是以绿色为底的"卍字"图案。

📖 练习题

将箍头彩画分为六个区域，二号位置是梁头博古，如图6-5所示。

一	二	三
四	五	六

图6-5　箍头彩画位置

1. 一号和三号位置的木构件是_____。

2. 四号和六号位置的木构件是_____。

3. 五号位置的木构件是_____。

4. 箍头图案是纵向的位置是_____号位置。

5. 箍头图案是横向的位置是_____号位置。

6. 在檩垫枋位置，_____两个位置的箍头图案颜色一致，另外两个位置的颜色一致。

> **古建筑文化：**"卍"字图案来源于佛教，在古建筑彩画中很多位置，尤其是寺庙里的彩画会使用与佛教有关的图案。如北海北岸的禅福寺，天花彩画就来自于佛教六字真言。

【丙】濠濮间与画舫斋

从蚕坛饭庄向南，东侧有濠濮间入口，向北是画舫斋，向南是濠濮间。进入画舫斋，向上观看，如图6-6所示。

图6-6　画舫斋天花彩画

任务三　天花彩画

1. 画舫斋的顶棚做成横纵交错的正方形天花，称为"井口天花"。有些建筑不做顶棚，向上可以看到完整的木构架，更为复杂的做法是带有木雕的"藻井"。

2. 井口天花位置的彩画，称为"天花彩画"。完整的井口天花彩画是由制作顶棚的支条和中间的天花板组成的。天花板由外侧方形的纯色"大边"、四角有云纹或花形图案的"岔角"以及外方内圆的"鼓子心"组成，如图6-7所示。估算每个天花的尺寸，完成第1题至第3题。

扫码听微课

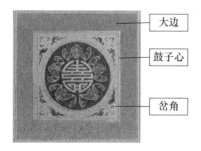

图6-7　天花彩画

3. 天花彩画的图案有较为正规的殿式彩画和随意多变的苏式彩画。殿式彩画以龙、凤等图案为主，苏式彩画以花鸟为主。庙宇中也有用佛教六字真言的天花彩画。

4. 画舫斋是一组五开间歇山带三开间抱厦的组合体建筑，结构较复杂或柱高较高

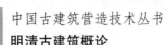

的建筑，在柱子的旁边有方形的构件，称为"抱柱"，其作用就是辅助柱子承重。

📖 练习题

1. 点数画舫斋明间面宽方向有_____组天花彩画。

2. 测量明间的宽度为_____，估算每个天花彩画的尺寸_____。

3. 根据进深天花数量，估算进深尺寸。

【丙】濠濮间与画舫斋

出画舫斋向南行走到濠濮间，在云岫书屋南侧，观察檩垫枋处的彩画，如图 6-8 所示。

图 6-8　云岫书屋南侧包袱苏式彩画

任务四　苏式彩画

1. 苏式彩画和旋子彩画一样，是明清彩画中一个重要的分类。苏式彩画造型多样，变化丰富，取材广泛，多应用在园林、民居等建筑物上。

2. 观察苏式彩画的枋心，由一个半圆形图案覆盖在檩垫枋的居中位置，称为"包袱"。包袱枋心的宽度约占檩垫枋的三分之一。包袱内

扫码听微课

的图案多以花鸟鱼虫、人物故事、山水风景、房屋建筑为题材。含有包袱的苏式彩画称为"包袱苏式彩画"。

3. 云岫书屋山脚下的硬山房的苏式彩画中间不使用包袱，而是做成枋心，称为"枋心苏式彩画"，如图 6-9 所示。不含包袱、枋心，而是把图案满铺画在木构件上的称为"海墁苏式彩画"。

图 6-9　枋心苏式彩画

4. 苏式彩画檩垫枋两端和箍头彩画基本一致，在枋子上箍头回字和两侧连珠大概呈正方形。在箍头线内侧是贴金的"卡子"，卡子到枋心中间的部分称为"找头"。枋心和箍头的位置是基本固定的，所以找头的空间是随檩垫枋的大小以及开间宽度灵活变化的。

【丁】陟山门街

出濠濮间向南出北海东门，在陟山门街东口北侧有清朝御史衙门，如图 6-10 所示。

图 6-10　清御史衙门

任务五　旋子彩画找头变化

1. 御史衙门的旋子彩画，只有黑、白、蓝、绿四种颜色，称为"雅伍墨"。雅伍墨是等级最低的旋子彩画。

2. 旋子彩画的箍头比苏式彩画稍微复杂，由正方形"盒子"和两侧箍头线组成。明间的盒子是由四个四分之一栀子花组成，梢间则是由一个完整的栀子花组成。

3. 旋子彩画找头部分的变化最为丰富，找头部分的基本图案是"一整两破"，即一个完整的旋子和两个半圆的旋子。明间找头部分在一整两破的中间加了一路旋子瓣，称为"一整两破加一路"。

扫码听微课

4. 由于梢间前檐墙遮盖了一部分檐枋，使得旋子的直径变小了，一整两破之间的距离更宽了。中间增加的不是一路旋子瓣，而是更宽一些的云纹图案"金道冠"，梢间找头部分称为"一整两破加金道冠"。以上盒子、找头的变化如图 6-11 所示。

图 6-11 御史衙门明间（左侧）、梢间（右侧）旋子彩画

5. 梁头使用的是一个完整的旋子，柱头使用箍头线和半个栀子花，枋心的图案称为"一字枋心"。明间檐枋和梢间檐檩的枋心以蓝色为底，旋子心也是蓝色的，所有图形蓝绿色相间。与之相反，梢间檐枋和明间檐檩的配色蓝绿色互换。

> **古建筑文化**：清代稽查内务府御史衙门，是主管内政物资的监察部门，虽然是官府衙门使用旋子彩画，但也只能使用不贴金的雅伍墨。由此可见彩画等级非常严格。

【戊】景山公园西门

穿过景山西街至景山公园西门山右里门，观看明间和梢间彩画，如图 6-12 所示。

6. 景山西门明间的旋子心，使用了贴金。额枋的旋子心外侧有三路旋子瓣，挑檐枋旋子心外侧有两路旋子瓣，御史衙门彩画的旋子也只有两路旋子瓣。可见因施画位置不同，一整个旋子的瓣数是可以增减的。

7. 明间与梢间的盒子都使用了整个栀子花的图案，因梢间开间较小额枋较大，所以盒子略窄一些。挑檐桁上的盒子与其所在开间的盒子同宽。梢间挑檐桁的找头是标准的一整两破。

8. 明间额枋的找头部分空间放不下一组完整的一整两破。最外侧一路旋子瓣向内挤压，保留了圆形的旋子心，这种找头图案称为"喜相逢"。

9. 梢间额枋的找头部分空间更为狭小，找头图案在喜相逢的基础上进一步压缩，

图 6-12　景山公园西门明间（右侧）、梢间（左侧）旋子彩画

几路旋子瓣交织在一起，旋子心也被挤压成扇形，这种找头图案称为"勾丝咬"。区分找头图案是喜相逢还是勾丝咬，主要看是否保留完整的旋子心。

📖 练习题

以一整两破为参照，在大小不等的图形内，设计找头图案，并说明图案名称。

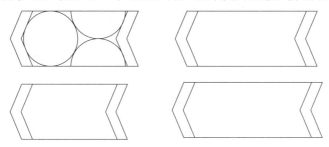

【己】寿皇殿

进入景山公园向东北行走，至寿皇殿，第一进院东侧是神库，如图 6-13 所示。

图 6-13　寿皇殿神库

中国古建筑营造技术丛书
明清古建筑概论

任务六　旋子彩画贴金量变化

1. 神库的旋子彩画在箍头线、枋心线、雀替轮廓等处使用了黑色线，称为"墨线"。景山公园西门旋子彩画在这些地方进行了贴金，称为"金线"。

扫码听微课

2. 神库在旋子心进行了贴金，用金量较小，称为"小点金"。

3. 综合使用金线还是墨线，点金量的大小，神库的旋子彩画称为"墨线小点金"旋子彩画。梢间找头是一组完整的一整两破，盒子部分被简化，枋心部分为一字枋心，可描述梢间彩画为"墨线小点金一字枋心一整两破旋子彩画"，如图6-14所示。

4. 观察神库明间次间额枋、檩桁的彩画样式，完成练习题。

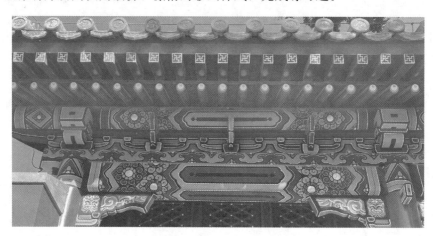

图6-14　寿皇殿神库墨线小点金旋子彩画

📖 练习题

1. 神库明间的额枋彩画样式可描述为_____，檩桁彩画样式可描述为_____。

2. 神库次间的额枋彩画样式可描述为_____，檩桁彩画样式可描述为_____。

【己】寿皇殿

观察神库北侧的井亭，如图6-15所示。

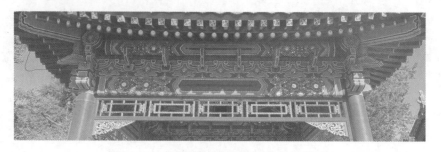

图6-15　寿皇殿井亭墨线大点金旋子彩画

· 126 ·

5. 井亭的旋子彩画找头部分空间更大，枋子找头采用"一整两破加喜相逢"的图案，檩桁找头采用"一整两破加一整两破"图案。

6. 井亭彩画贴金量比神库要多，除了旋子心之外、栀子花心、菱角地、宝剑头等处都进行了贴金，这种贴金量较大的称为"大点金"，配合"墨线"做法，称为"墨线大点金"。菱角地、宝剑头都是旋子最外侧圆形相交处的小扇形、小三角，如图 6-16 所示。

7. 旋子彩画使用金线还是墨线，大点金还是小点金，有四种组合，除了以上墨线的两种，还有"金线小点金""金线大点金"，景山公园西门的彩画就是金线大点金旋子彩画。在图 6-16 中画出金线大点金彩画贴金的位置。

练习题

在旋子彩画找头部分画出金线大点金彩画的贴金位置。

图 6-16　旋子彩画找头位置

【己】寿皇殿

进入第二进院西侧配殿，观察旋子彩画，如图 6-17 所示。

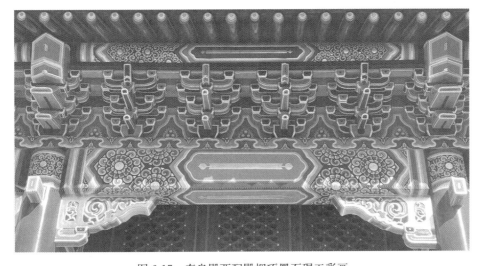

图 6-17　寿皇殿西配殿烟琢墨石碾玉彩画

任务七　石碾玉彩画

扫码听微课

1. 西配殿彩画的旋子，在三路旋子瓣的每一路，颜色都有更多层次的变化。每层主色都增加了一层退晕，在彩画作称为"攒退"，指通过增加层次逐步退晕的方法使彩画色彩更加丰富，层次感更加立体。

2. 西配殿旋子彩画在大点金的基础上，一字枋心、雀替、斗拱的轮廓都进行了贴金，用金量更多。找头旋子各路瓣之间的攒退使用墨线分割，这种旋子彩画等级更高，称为"烟琢墨石碾玉"旋子彩画。

3. 在烟琢墨石碾玉彩画的基础上，找头旋子各路瓣之间的攒退使用金线分割，贴金量非常大，称为"金琢墨石碾玉"旋子彩画。此种彩画等级非常高，在故宫博物院慈宁宫等重要的宫殿建筑中使用，如图 6-18 所示。

图 6-18　故宫慈宁宫金琢墨石碾玉彩画

其他旋子彩画

1. 旋子彩画中等级最高的，是满铺贴金的做法，称为"混金"旋子彩画。太庙享殿内部的中间三个开间，额枋、斗拱、天花都是满铺贴金的做法，如图 6-19 所示。

2. 在旋子彩画中还有一种特殊的形式，传统做法是在彩画颜料中使用雄黄这味中药，现在多用石黄代替。这种彩画整体呈黄褐色，色调区别于蓝绿色的旋子彩画，称为"雄黄玉"旋子彩画。使用雄黄为颜料，以防构件蛀虫，所以多用于库房、藏经阁等建筑。天坛公园北神厨内的神库，使用的就是雄黄玉彩画，如图 6-20 所示。

图 6-19　太庙混金旋子彩画

图 6-20　天坛北神厨神库雄黄玉旋子彩画

练习题

按彩画贴金量，在下方空白处将所有旋子彩画等级进行排序。

【己】寿皇殿

行至寿皇殿正殿，观察寿皇殿彩画，如图 6-21 所示。

图 6-21 寿皇殿和玺彩画

任务八 和玺彩画

1. 寿皇殿的彩画形式称为"和玺彩画"，与旋子彩画、苏式彩画并称清式彩画三大分类。和玺彩画是等级最高的清式彩画，彩画题材多用龙、凤等体现皇家威严的图案。

扫码听微课

2. 和玺彩画在大额枋、小额枋、挑檐桁上也由枋心、箍头、盒子、找头几部分组成。寿皇殿彩画全部使用龙纹，称为"金龙和玺彩画"。

3. 和玺彩画除枋子、檩桁之外，在柱头、平板枋也有龙纹图案，在雀替轮廓、垫拱板灶火门、斗拱、桃尖梁头等处，都有贴金。

4. 各种龙纹图中龙首居中且面部朝前的，称为"坐龙"；龙首在上称为"升龙"，在下称为"降龙"；龙首在左右的称为行龙，枋心里两条龙首相对的图案，称为"二龙戏珠"。分组进行活动统计一个开间内，各种龙纹图案的数量，完成第1题至第4题。

📖 练习题

一个开间（包括两侧柱子）从小额枋到挑檐桁共有以下数量的龙形图案：

1. 共有二龙戏珠图案_____组。

2. 升龙_____组。

3. 降龙_____组。

4. 坐龙_____组。

> **古建筑文化**：垫拱板在彩画作称为"灶火门"，画有火形图案。古建筑是木质结构的最怕有火，在此处绘制火形图案，表达此处已经有火，有祈求平安的寓意。

【庚】万春亭

出寿皇殿南门，登上景山的最高处万春亭，如图 6-22 所示。

图 6-22　万春亭

任务九　阶段测试

1. 万春亭作为北京中轴线上最高的建筑，有很多地方比较特殊，是学习古建筑的特例素材。万春亭的台基形式是多层次组合式台基，其内外两层柱子，落在不同高度的台基上。

2. 万春亭是三层出檐的建筑，下层檐挑出较大，廊步架使用四攒

扫码听微课

斗拱，多于次间的三攒斗拱。

3. 万春亭小兽数量较为特殊，并不是单个数，在仙人和角兽之间只有龙、凤、狮子、马四个小兽。

4. 观察万春亭及周赏亭如图 6-23 所示，观妙亭如图 6-24 所示，完成阶段测试。

图 6-23　周赏亭　　　　　　　　　　　　　图 6-24　观妙亭

📖 阶段测试

1. 万春亭次间彩画可描述为_____。

2. 观妙亭西侧的彩画可描述为_____。

3. 周赏亭西侧的彩画可描述为_____。

> **古建筑文化**：万春亭是明清时期中轴线上的最高峰，在万春亭南北两侧地面均有北京中轴线的标志，在此可以鸟瞰故宫博物院全貌。两侧建筑物对称是中轴文化的主要表现形式，体现了古人建造都城追求对称美。

项目六　总　　结

1. 经过项目六的学习，应掌握古建筑传统彩画的基本分类，以及各部分名称和关系。能够使用文字描述一个古建筑彩画各部位的基本造型。

2. 能够区分和玺彩画、旋子彩画、苏式彩画三类彩画，能够对应何种建筑使用何种彩画，并掌握三类彩画中的图形题材。

3. 掌握旋子彩画找头部分的变化规律，能够根据找头宽窄进行图谱的设计。能够根据贴金量区分不同等级的旋子彩画，并进行旋子彩画等级的排序。

4. 课后作业：寻找身边的古建筑彩画，使用专业术语描述它们，完成练习题。

📖 练习题

寻找身边的古建筑，在下面写出名称或粘贴古建筑的照片，并进行描述。

项目六　课后评价表

评价项	得分
小测验	
学生自我评价	
小组互评	
课后作业	
教师评价	
学生签字：	教师签字：

项目六　参考答案

任务一：1. 三分之一。2. 以实测为准。3. 第 2 题尺寸乘以三分之一。

任务二：1. 檐檩和檐垫板。2. 檐枋。3. 檐柱柱头。4. 一、三、四、六。5. 五。6. 一和六（或三和四）。

任务三：1. 以实测为准。2. 以实测为准，明间宽度除以第 1 题答案。3. 天花彩画的尺寸乘以进深天花数量。

任务五：找头图案设计，如图 6-25 所示。

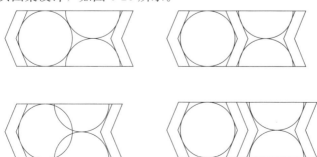

图 6-25　旋子彩画找头部分设计

任务六：1. 墨线小点金一字枋心一整两破旋子彩画，墨线小点金一字枋心一整两破旋子彩画。2. 墨线小点金一字枋心一整两破旋子彩画，墨线小点金一字枋心一整两破旋子彩画。金线大点金彩画的贴金位置，如图 6-26 所示。

图 6-26　金线大点金彩画的贴金位置

任务七：墨线小点金，墨线大点金，金线小点金，金线大点金，烟琢墨石碾玉，金琢墨石碾玉

任务八：第 1 题至第 4 题以实测为准。

任务九：1. 万春亭次间大额枋宋锦枋心、找头勾丝咬、小额枋二龙戏珠枋心、找头勾丝咬，金线大点金旋子彩画。2. 观妙亭西侧额枋宋锦枋心、找头一整两破，金线小点金旋子彩画。3. 周赏亭西侧额枋二龙戏珠枋心、找头喜相逢，金线小点金旋子彩画。

项目六　知识梳理

1. 古建筑油漆彩画分为油漆作和彩画作两个工种。油漆作在木结构外侧包裹一层地仗，保护木质结构，地仗外面再逐层刷各种油漆。彩画作在地仗上进行彩画的绘制。

2. 最简单的彩画形式是在完成油漆的基础上，在柱头、梁头、檩垫枋两侧绘制简单的彩画，称为箍头彩画，广泛应用在民居。梁头上的彩画称为博古，题材主要是文博物品。

3. 古建彩画分为和玺彩画、旋子彩画、苏式彩画三大类。和玺彩画等级最高，主要是使用了龙凤等体现皇家威严的图案，贴金量非常大，应用在宫殿建筑。

4. 旋子彩画种类繁多，典型特征是找头部分使用旋子图形，彩画图谱相对固定规范，广泛应用在宫殿、官府、王府等建筑。

5. 苏式彩画图谱造型多样，变化丰富，取材广泛，多应用在园林、民居等建筑物上。中间画包袱的苏式彩画称为包袱苏式彩画。包袱内的图案多以花鸟鱼虫、人物故事、山水风景、房屋建筑为题材。不画包袱，把图案满铺画在木构件上的称为海墁苏式彩画，使用枋心的称为枋心苏式彩画。

6. 这三大类彩画在檩垫枋部分（大式建筑的额枋、桁）大致分为中间的枋心，两侧的箍头、盒子，和之间的找头三个部分。枋心大概占枋子的三分之一，箍头和盒子大概呈正方形，剩下的空间是找头的部分。大式建筑在雀替、平板枋（多见工王云纹、行龙图案）、垫拱板（灶火门）、斗拱都有彩画，等级较高的还进行贴金。

7. 旋子彩画找头部分根据空间大小，旋子的图形从窄到宽有以下变化，勾丝咬、喜相逢、一整两破、一整两破加一路、一整两破加金道冠、一整两破加两路、一整两破加勾丝咬、一整两破加喜相逢、一整两破加一整两破等。

8. 旋子彩画等级根据其贴金量进行等级排序，从低到高有以下变化，雅伍墨（雄黄玉）、墨线小点金、墨线大点金、金线小点金、金线大点金、烟琢墨石碾玉、金琢墨石碾玉、混金旋子。

（1）雅伍墨指彩画不贴金，只使用蓝、绿、黑、白四种颜色；

（2）金线指箍头线、枋心线等分割线贴金，墨线指以上位置不贴金，使用黑线；

（3）小点金指只有旋子心贴金，大点金指旋子心、栀子花心、菱角地、宝剑头等处都贴金；

（4）烟琢墨石碾玉指旋子各路瓣使用攒退增加层次感，且各图案分割线用墨线加重；

（5）金琢墨石碾玉，除使用攒退外，分割线贴金；

（6）混金旋子指满铺贴金；

（7）另外，还有一种黄褐色调的雄黄玉旋子彩画，常见于粮仓、藏书阁。

9. 在房屋顶棚处的彩画称为天花彩画。殿式天花彩画对应和玺彩画和旋子彩画，图案以龙凤为主；苏式天花彩画对应苏式彩画，图案以花鸟为主。

项目六　笔记

项目七　古建筑民居

教学目标

通过什刹海地区民居古建筑群的学习，识记古建筑民居、大门等名词，学会区分不同大门类型，学习黑活屋面屋脊知识，掌握北京传统四合院各部分房屋名称。

扫码听微课

学习路线

项目七课程学习地点在什刹海地区，从【甲】后门桥，途经【乙】鸦儿胡同、【丙】北官房胡同、【丁】南官房胡同，【戊】前海西街，【己】定阜街，最后到【庚】护国寺大街，完成项目七的学习任务，如图 7-1 所示。

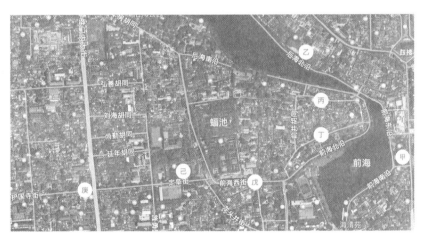

图 7-1　什刹海学习线路

课程导入

中国北方官式古建筑除宫殿建筑、王府衙门外，更广泛地分布在民居中。按照官式做法进行设计和施工的民居，称为"官式民居"。在古建筑实践中，因为经济等原因，某些部位的做法更复杂或者简化了。这些不按照官式的做法称为"民间做法"，民间做法的民居变化更加丰富多样。

项目七的学习任务，有三个主题：布瓦黑活屋面、各类民居大门、四合院整体布局。

项目四中屋面主要介绍了琉璃瓦屋面，古建筑民居多用布瓦黑活屋面，项目七的路

线中涵盖大多数黑活瓦面、屋脊的做法。

古建筑大门种类繁多，等级有序，在项目七胡同行走的过程中可以看到各种古建筑门的种类。

四合院是北方地区民居的典型代表，护国寺街东口的梅兰芳故居，是一个比较完整的三进四合院，在这里可以学习四合院的相关知识。

【甲】后门桥

什刹海景区后门桥西北角，敕建火德真君庙，如图 7-2 所示。

图 7-2　敕建火德真君庙

任务一　券　门

1. 火德真君庙的山门是一个典型寺庙大门，大门上方由石材拼砌成一个半圆形。这样的大门称为"券门"，多用于寺庙山门、琉璃牌楼、街楼等。观察石材砌筑的居中方式，完成第 1 题。

2. 在券门的两侧砌筑的墙体，遮挡住了柱子，房屋前檐面宽方向的墙体称为"前檐墙"。

扫码听微课

3. 火德真君庙山门的瓦面，采用双色琉璃瓦的做法，称为"琉璃剪边做法"。中间是黑色琉璃瓦，脊和瓦头使用绿色琉璃瓦，可称为"黑琉璃绿剪边"。

4. 山门两侧房屋也是剪边做法的屋面，不同的是中间琉璃瓦件没有色彩，这种瓦

称为"削割瓦"。山门两侧房屋瓦面可称为"削割瓦绿琉璃剪边"。削割瓦的尺寸、形制都按照琉璃瓦制作，但削割瓦面上没有釉面，呈灰黑色。观察削割瓦和琉璃瓦小兽排列是否相同，完成第2题。

5. 山门的门板上有圆形的门钉，门钉一般是单数乘以单数的，如：七乘七或九乘九。门钉有铜制或木质刷金漆的做法，应用在等级较高的大门门板上。

📖 练习题

1. 观察券门石材分布，券门正上方的石材的居中方式是_____（填写整砖居中/砖缝居中）。

2. 判断山门琉璃小兽和山门两侧削制瓦的小兽排列是否一致。

> **古建筑文化**：在有些古建筑的匾额中有敕建或敕赐等字样，"敕"字指皇帝下旨进行建造的。火德真君俗称火神爷，后门桥旁有镇水神兽，表达了古代百姓祈求平安的愿望。

【乙】鸦儿胡同

从火德真君庙向西行走到鸦儿胡同，敕赐广化寺，如图7-3所示。

图7-3 广化寺山门

任务二　布瓦黑活大脊屋面

1. 广化寺的屋面是布瓦屋面，有明显正脊的殿式做法。在黑活建筑中正脊体量较大，脊件较全的做法称为做"大脊"。黑活大脊的各层构件由上至下为眉子、混砖、陡板、混砖、两层瓦条、当沟等，如图 7-4（a）所示。

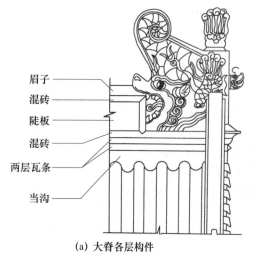

眉子
混砖
陡板
混砖
两层瓦条
当沟

(a) 大脊各层构件

(b) 黑活大脊和捉节瓦面

图 7-4　广化寺山门屋面

2. 黑活小兽与琉璃小兽排列有所不同，清式黑活屋面小兽数量一般是单数个。第一个使用"抱头狮子"而不是仙人，狮子后面都是马，常见三个、五个、七个小兽。

3. 广化寺山门的布瓦屋面是和琉璃瓦类似的筒瓦屋面，在抹灰时将灰料抹在两节筒瓦之间，所以山门的屋面能够清楚地看到筒瓦是一节一节的，称为"捉节"做法。如图 7-4（b）所示。

4. 西侧小门屋面，筒瓦全部用灰覆盖，只能看见瓦是一垄圆形的瓦，称为"裹垄"做法，如图 7-5 所示。捉节和裹垄是黑活筒瓦屋面常见的两种抹灰方法。

图 7-5　侧门裹垄瓦面

【乙】鸦儿胡同

广化寺东侧是什刹海书院，使用垂花门作为大门，如图 7-6 所示。

图 7-6　什刹海书院垂花门

任务三　垂花门

1. 从正面观看什刹海书院的大门，正面左右两侧有悬空不落地的柱，称为"垂帘柱"，门形式称为"垂花门"。两侧垂帘柱之间自下而上分别是雀替、帘笼枋、折柱、花板等。

2. 垂花门大多使用方形梅花柱，在柱头使用带有云纹的梁，称为"麻叶抱头梁"。梁头上方有挑出的檐檩，形成挑出的屋面。梁头下方则是垂帘柱，垂帘柱最下方是垂柱柱头。

扫码听微课

3. 从侧面观看，该垂花门有前后连续的两棚屋面。前面是有正脊的殿式屋面，后面是卷棚屋面，这样的垂花门称为"一殿一卷"垂花门，如图 7-7 所示。

图 7-7　垂花门侧面

4. 一殿一卷是相对复杂的垂花门样式，除此之外，还有"独立柱担梁式垂花门""四檩廊罩式垂花门""五檩卷棚垂花门"等样式。

📖 绘图练习

画垂花门垂帘柱部分的示意图，并标明各部分名称。

> 　　**古建筑文化**：垂花门一般是院落中的"二门"，封建社会妇女"大门不出，二门不迈"，大门指的就是街门，二门指的就是第二进院子的门，也就是垂花门。

【丙】北官房胡同

从广化寺向东行走，过银锭桥向南进入北官房胡同。

任务四　广亮大门

1. 古建筑民居院落的大门，等级较高的做法是使用一间屋作为大门，称为"屋宇式"大门。大门一般安排在院落东南侧。观察大门房屋和两侧房屋的高度，完成第1题。

2. 屋宇式大门多采用带有中柱的小式五檩木结构，大门部分开在中柱的，称为"广亮大门"，如图7-8所示。在使用一间房屋的屋宇式大门中，广亮大门的等级最高。

扫码听微课

3. 此大门的台阶造型特殊，部分垂带踏跺退入到台基内部，这种做法是因为胡同的宽度较窄，踏跺向内侧退入台基可以节省空间。

4. 山墙墙体内侧从檐柱到金柱这段距离称为"囚门子"，做法与廊心墙类似。

5. 此大门的正脊采用的是筒瓦屋面，没有明显的正脊，可称为黑活筒瓦"过垄脊"。黑活筒瓦屋面的勾头和滴子，与琉璃瓦屋面一致，也是滴子坐中。

图7-8 广亮大门

📖 绘图练习

1. 民居大门的高度比两侧房屋_____。

2. 在下图中画出广亮大门开门位置。

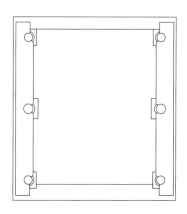

> **古建筑文化：**广亮大门在中柱开门，大门以外台基之上的部分形成了一个的"门洞"，碰到下雨天就有路人在此避雨。

【丙】北官房胡同

任务五　蛮子门及大门构件

1. "蛮子门"也是屋宇式大门，与广亮大门的门在中柱位置不同，蛮子门的门开在檐柱位置，等级低于广亮大门，如图7-9所示。

2. 观察该大门，在门的上方有四个蓝色底金的六角形构件，如图7-9中"福积泰来"位置。六角形构件称为"门簪"，门簪所在的横向木构件称为"中槛"。使用四个门簪的大门是标准的古建筑大门做法。

扫码听微课

3. 与中槛平行，大门横向的构件还有上槛和下槛。在大门下面紧贴地面的是下槛，俗称"门槛"。在檐枋下面是"上槛"，是大门部分最高的构件。上槛和中槛之间的是"走马板"。

图7-9　蛮子门

4. 在柱子内侧有纵向的木构件，称为"抱框"，作用是将大门固定在柱子上。抱框内侧的纵向构件称为"门框"。在抱框和门框中间的部分是"余塞板"。

绘图练习

画传统四门簪大门的示意图，并标明各构件名称。

古建筑文化：两门框之间的距离称为"门当"，另一种说法是两门簪之间的距离。民间所说的门当户对，指的是联姻两家的大门宽度相同，也就是两家经济基础大致相同。

【丁】南官房胡同

任务六 金柱大门

1. 门的槛框开在金柱位置的大门称为"金柱大门"，如图 7-10 所示。金柱大门的等级高于蛮子门，低于广亮大门。大门内侧的墙体与廊心墙做法相同。

扫码听微课

2. 门框下方左右各有一块"抱鼓石"。一整块抱鼓石分为前后两部分，在大门以外的部分俗称的门墩，在门内侧的部分是门轴石，用于安装大门。

3. 该金柱大门的瓦面称为"合瓦屋面"。合瓦屋面等级低于筒瓦屋面，是民居中常见的黑活屋面。合瓦的施工是将瓦凸面当成盖瓦，凹面当成底瓦，故俗称阴阳瓦。

4. 该金柱大门的垂脊是常见黑活屋脊的做法，这种做法广泛应用于各种黑活屋面的垂脊、戗脊等处。脊从上至下由眉子、混砖、两层瓦条组成。垂脊的端头也是最常见的做法，从上至下由眉子、盘子、瓦条、圭角组成，如图 7-11 所示。

图 7-10　金柱大门

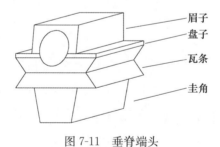

图 7-11　垂脊端头

📖 练习题

1. 广亮大门、金柱大门、蛮子门多使用四门簪大门，在胡同中寻找三处带有四门簪大门，测量抱框、余塞板的宽度，探究余塞板宽度与大门是否有固定比例。

位置	大门形式	大门宽度	余塞板宽度	余塞板占比
1				
2				
3				

2. 余塞板占大门宽度_____（填写有/没有）固定比例。

【丁】南官房胡同

任务七　如意门

1. 在檐柱位置两侧砌墙，把大门位置缩小到中间的做法，称为"如意门"，如图 7-12 所示。如意门的大门木结构相对简单，由上下两槛，左右两框，两个门簪，两扇门组成。

2. 如意门是等级最低的屋宇式大门，广泛应用在民居上。在檐柱位置砌墙，墙体两侧上方大门位置有突出的"象鼻"，大门以上的门眉、挂檐等位置多见各种形式的砖雕。

扫码听微课

图 7-12　如意门

3. 墙体墀头上面在荷叶礅下方的砖雕称为"垫花"造型多为花篮垂穗，如图 7-13 所示。盘头部分的荷叶礅、头层二层盘头、戗檐砖也多使用砖雕，造型多样。

4. 该如意门合瓦屋面，两侧的垂脊使用一垄筒瓦和一层披水砖，这种垂脊称为"披水梢垄"是最简单的黑活垂脊做法。

图 7-13　垫花砖雕

练习题

1. 在胡同中寻找三处如意门，测量大门与整体开间的宽度，探究如意门大门与开间宽度是否有固定比例。

位置	门及两侧墙体共宽	门宽度	门宽占比
1			
2			
3			

2. 如意门大门宽度约占开间宽度的_____。

【丁】南官房胡同

任务八　墙垣门

1. 比屋宇式大门等级更低的是在院墙开门的做法，称为"墙垣门"。在门的最上方展开像房屋一样的屋面，称为"小门楼"。东煤厂胡同中的小门楼，如图 7-14 所示。主要特点是在院墙处砌筑大门墙

扫码听微课

体，墙体中间使用两个门簪木门，墙体之上有砖制门楣、椽子、屋檐及屋面。

图 7-14　小门楼

2. 小门楼的正脊两侧有向斜上方翘起的"蝎子尾"，蝎子尾下方是刻有砖雕的盘子，此类正脊称为"清水脊"，在小式黑活正脊中是较为规范的常见做法。

3. 在民居中做法更简单的是不出檐的各类大门。胡同中一些小院的大门做法更为简单，在大门上方出一层砖檐，砖檐上方再向内收出"花瓦"顶，花瓦顶之上再加一层盖板，如图 7-15 所示。

图 7-15　无屋面的墙垣门

4. 墙垣门最简单的做法是直接在墙上开门洞，在门洞上方横过木，下方使用简单的两扇大门，这类大门称为"随墙门"，在胡同民居中可以广泛看到。

📖 绘图练习

画出花瓦顶的样式。

> **古建筑文化**：民居虽然没有王府那样奢华，但百姓也有美化建筑的需求，花瓦就是这样的典型代表。几块普通的灰瓦经过工匠精心设计，拼搭出各种美丽的图案，既节约了材料，又达到了美观的效果。

【戊】前海西街

前海西街向南，路西侧郭沫若故居大门，如图 7-16 所示。

图 7-16　郭沫若故居大门

任务九　王府大门

1. 郭沫若故居使用三开间的硬山建筑作为大门，在明间开门。使用多开间建筑单体的屋宇式大门称为"王府大门"。

2. 郭沫若故居门外有一组影壁，称为门外"一字影壁"。影壁与墙体的造型类似，也是由下碱、上身、墙帽等部分组成，如图 7-17 所示。

扫码听微课

3. 侧面观察郭沫若故居大门的山墙上方，博缝的做法是使用条砖逐层砌筑的，这样的做法称为"散装博缝"，如图 7-18 所示。在东煤厂胡同小门楼的博缝，博缝砖的高度较低，称为"三才博缝"，多用于屋面不高的房屋上，如图 7-19 所示。

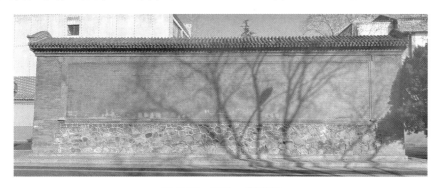

图 7-17　门外一字影壁

图 7-18　散装博缝

图 7-19　三才博缝

【戊】前海西街

从郭沫若故居向北，前海西街向西，路北侧恭王府大门，如图 7-20 所示。

图 7-20　恭王府大门

4. 恭王府使用五开间硬山房作为大门,是一个更为规范的王府大门。在建筑明间使用一组四门簪的大门,称为"正门"。恭王府大门是一个七檩建筑,开门的位置比广亮大门更为后退,大门开设在后坡屋面的下金檩位置,如图7-21所示。

图 7-21　恭王府大门内部

5. 在两侧次间也各使用一组四个门簪大门,称为"侧门"。侧门的中槛及四个门簪的高度略低于正门。五开间王府大门使用中间三间开门的做法,是王府大门的正规做法。观察正门和侧门各木构件的高度,完成练习题。

6. 恭王府大门两侧梢间,在前后廊步架之间砌墙,形成一间房屋,俗称"门房"。门房多在院内侧开门,在院外墙上有窗,一般是大门值守人员使用,故也称为"值房"。

7. 恭王府大门两侧各有一段影壁,在大门两侧呈斜角设置的影壁称为"撇山影壁"。

练习题

观察正门和侧门的中槛和上槛高度,上槛高度_____(填写相同/不相同),通过调整_____的高度,降低侧门中槛高度。

【已】定阜街

从前海西街向西行走到定阜街,路北侧辅仁大学旧址,如图7-22所示。

图 7-22　辅仁大学旧址大门

　　清晚期至民国，受到西方文化影响，产生了大量包含西方建筑特点的建筑。辅仁大学旧址大门造型优美、结构复杂，集中西方建筑特点于一身。大门是汉白玉雕刻的券门形式，雕刻精美，造型高挑到二层楼。券门在一层内套四门簪大门，在二层楼处有望柱栏板，内有窗棂。建筑整体为三层楼绿琉璃歇山顶，使用石制斗拱出挑，在券门上方屋面悬空出厦。

任务十　阶段测试

📖 阶段测试

　　图 7-23 中的大门为_____，瓦面是_____。图 7-24 中的大门为_____，正脊为_____。

扫码听微课

图 7-23　定阜街民居大门（一）

图 7-24　定阜街民居大门（二）

【庚】护国寺大街

护国寺大街东口路北侧梅兰芳纪念馆，如图 7-25 所示。

图 7-25　梅兰芳纪念馆

任务十一　四合院

1. 梅兰芳纪念馆大门的合瓦屋面正脊，类似筒瓦屋面的过垄脊，称为"合瓦过垄脊"是小式黑活无明显正脊的做法。

2. 从大门正面可以看到梅兰芳先生塑像，塑像后是影壁。影壁靠在东厢房的山墙上，此类影壁是四合院常见的做法，称为"座山影壁"。

扫码听微课

3. 四合院大门往往在院落东南角，且东侧留有一间房，民居的门房常常设在这间房屋。大门的西侧，是一排临街房屋，这排房屋在四合院的最南侧，称为"倒座"南房。

4. 进入四合院之后，倒座房北侧的空间称为"第一进院"或外院。在倒座房的对面有一个带墙帽的随墙门。是这个院落的"二门"，四合院的二门更常见使用垂花门。

5. 二门内可见一木质屏风，这个位置的影壁称为"院内一字影壁"。其作用是遮蔽，使站在外院的人不能直接看到堂屋内部。

6. 绕过屏风进入的是"第二进院"，院北侧的三开间房屋称为"正房"，东西两侧的房屋分别是"东厢房"和"西厢房"。连接正房和两侧厢房的是游廊。

7. 正房东西两侧较矮的房屋称为"耳房"。穿过耳房到正房后面是"第三进院"，整个院落最北侧的房屋称为"后罩"房，有些四合院最北侧是二层楼，称为后罩楼。

古建筑文化：四合院是中国北方民居的典型代表，四边分别以正房、厢房、倒座围绕成四方形，象征着中国传统文化中家庭观念和居住理念。

项目七 总 结

1. 经过项目七的学习，应掌握古建筑黑活屋面的基本知识，以及各部分名称和关系。能够使用文字描述一个古建筑黑活屋面各部位的基本造型。

2. 能够区分古建筑各类大门，能够将各类大门按等级从高到低排序。

3. 掌握北方传统四合院的组成。

4. 课后作业：寻找身边的古建筑黑活屋面或大门，使用专业术语描述它们，完成练习题。

练习题

寻找身边的古建筑，在下面写出名称或粘贴古建筑的照片，并进行描述。

项目七　课后评价表

评价项	得分
小测验	
学生自我评价	
小组互评	
课后作业	
教师评价	
学生签字：	教师签字：

项目七　参考答案

任务一：1. 整砖居中。2. 削割瓦小兽排列与琉璃瓦一致。

任务三：垂花门垂帘柱部分示意图，如图 7-26 所示。

任务四：1. 高。2. 广亮大门开门位置，如图 7-27 所示。

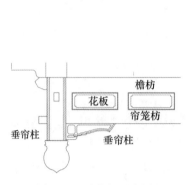

图 7-26　垂花门示意图

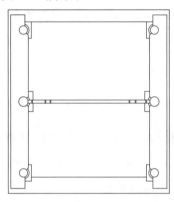

图 7-27　广亮大门开门位置

任务五：任务四门簪大门示意图，如图 7-28 所示。

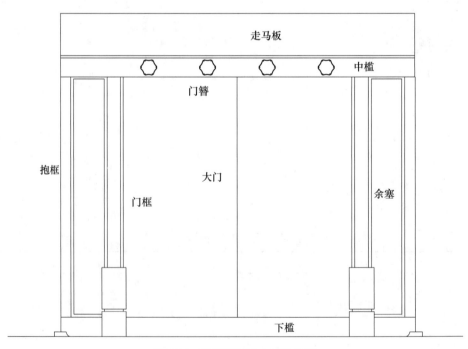

图 7-28　传统四门簪大门示意图

任务六：1. 表中数据以实测为准。2. 没有。

任务七：1. 表中数据以实测为准。2. 两侧墙体每侧占 25%～30%，大门居中占 40%～50%。

任务八：花瓦顶示意图，如图 7-29 所示。

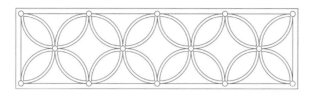

图 7-29　花瓦顶

任务九：不相同，走马板。

任务十：金柱大门，合瓦屋面，广亮大门，清水脊。

项目七　知识梳理

1. 琉璃屋面除了使用一种颜色的琉璃瓦外，还有使用两种颜色的琉璃剪边做法，用多色琉璃组成图案的琉璃聚锦做法。使用不刷釉面的琉璃瓦呈现出灰瓦的颜色，称为削割瓦做法。

2. 黑活屋面有较为复杂的做大脊做法，造型与琉璃脊类似。黑活小兽与琉璃小兽不同，以抱头狮子开头，后面都是马，多为单数个。

3. 黑活屋面的瓦面，有筒瓦屋面和合瓦屋面两种，筒瓦屋面里有使用捉节灰的做法，还有使用裹垄灰的做法。

4. 影壁的类型多样，有单独在院内的一字影壁，或设置在大门以外的一字影壁或八字影壁。还有在大门两侧的撇山影壁、院内靠在厢房山墙上的座山影壁，等级最高的是故宫乾清门的一封书影壁。

5. 垂花门的典型特征是有悬空不落地的垂帘柱。垂花门的形式有简单的担梁式垂花门，也有较为复杂的一殿一卷垂花门，廊罩式垂花门等。垂花门是院落的二门。

6. 古建筑大门中的一类，是使用房屋作为大门的"屋宇式"大门。屋宇式等级从高到低有王府大门、广亮大门、金柱大门、蛮子门、如意门等。这类大门较宽，多见四个门簪。

7. 古建筑大门中的另一类，是不使用房屋，随墙建造的墙垣门。墙垣门做法很多，简单的做法有随墙门，复杂一些的做法有带有屋面的小门楼。这类大门较窄，多见两个门簪。在园林中或四合院中，还常见圆形的月亮门。

8. 北方传统三进四合院中最南侧的是倒座房和大门，进入大门后为第一进院，进入二门之后为第二进院。第二进院北侧的是正房，两侧是东西厢房，正房两侧较矮的是

耳房。正房后面是第三进院，整个院落最北侧是后罩房。三进四合院各房屋，如图 7-30 所示。

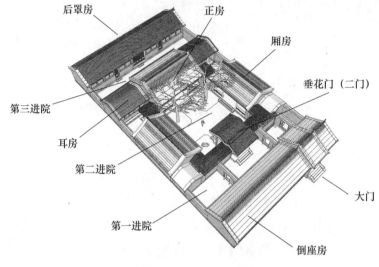

图 7-30　传统三进四合院

项目七　笔记

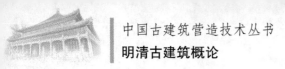

项目八 其他古建筑知识

任务一 各类特殊屋面造型

在项目一到项目七中，重点介绍了硬山、悬山、歇山、庑殿、攒尖这五种基本屋面类型，和盝顶建筑这种特殊的屋面类型。除此之外，古建筑还有很多种特殊的屋面，与基本类型的组合或变化。

1. 平屋顶

平屋顶是官式建筑中较为常见的屋面形式，多见于官式民居中的商铺。平屋顶的屋面多用灰背顶，商铺可以利用这个空间摆放货物。平屋顶外檐一圈，多见木、砖、琉璃的"挂檐板"。中山公园东南唐花坞两侧平屋顶房，采用琉璃挂檐，如图 8-1 所示。

图 8-1 中山公园唐花坞两侧平屋顶房

2. 勾连搭

连续两棚以上屋面相连接，称为"勾连搭"。勾连搭与抱厦的区别，在于勾连搭前后多间房屋面阔间数一致，而抱厦往往比主要建筑面阔间数少。景山公园内东北角关帝庙是"一殿一卷勾连搭"屋面，如图 8-2 所示。

图 8-2 景山公园关帝庙"一殿一卷勾连搭"屋面

连续两棚屋面，重点在于连接之处的防雨问题。两棚屋面之间称为"天沟"，天沟往往瓦面不铺设到底，中间使用灰背顶，而且厚度较高利于排水，天沟两侧使用大号的瓦件排水。勾连搭两棚屋面交接处平面呈枣核形，所以有枣核天沟之称，如图 8-3 所示。

图 8-3 枣核天沟

3. 十字顶

十字顶是歇山和攒尖的组合，指屋顶最高有两条垂直相交呈十字的正脊，相交中心点上有攒尖建筑的宝顶。从正脊两侧向下，四面均为歇山山面的三角形山花，称为"十字歇山顶""四面歇山顶"。北京外城东南角楼十字歇山顶，如图 8-4 所示。

4. 异形屋面

古建单体还有许多异形屋面，现存数量较少，如三角攒尖亭、盝顶、扇形建筑等。

三角攒尖屋面呈三角形，有三条脊和三坡屋面，多见于园林之中。陶然亭公园鹅池亭源自绍兴市的鹅池亭，是一个三角形的屋面，如图 8-5 所示。

图 8-4　北京外城东南角楼十字歇山顶

图 8-5　鹅池亭三角攒尖顶

　　盔顶建筑是一种特殊的攒尖建筑，其翼角曲线是向上拱起的。从外观上看，形如古代战士的头盔，故而得名"盔顶"，故宫文渊阁旁的碑亭是盔顶建筑，如图 8-6 所示。

　　扇形屋面建筑单体，其台基、枋檩均呈弧形，瓦面一头紧凑一头宽松成为扇形。颐和园公园扬仁风为扇形建筑，如图 8-7 所示。

图 8-6　故宫文渊阁碑亭盔顶

图 8-7　颐和园扬仁风扇形顶

5. 组合屋面

　　在一些特殊的建筑中，屋面往往是组合形式出现的。故宫角楼最高处为十字歇山顶，角楼的下层，是四面出厦的形式，向城内侧出正面的重檐歇山厦，向外侧出山面的重檐歇山厦。城墙下方护城河四角的单体，一侧是歇山建筑，在拐角位置又有庑殿建筑的特征，这也是基本屋面形式的组合，如图 8-8 所示。

图 8-8　故宫角楼组合屋面

故宫雨花阁第一层为前后两棚绿琉璃黄剪边卷棚歇山屋面，第二层为黄色琉璃卷棚蓝色琉璃剪边歇山屋面，第三层为鎏金四角攒尖顶。三层使用不同的屋面形式的组合。站在景山公园万春亭，可看到雨花阁三层屋面，如图 8-9 所示。

图 8-9　故宫雨花阁组合屋面

古建筑屋面类型极为复杂，五种基本类型表面上看差别不大，其实内部构造还有很多区别。再加上各种特殊屋面和基本类型的组合或变化，每个古建筑单体的屋面都是独特的。

6. 屋面苫背层

在望板之上瓦面之下是灰泥结合的苫背层。北方古建筑的屋面，除了防雨之外，还要保温，苫背层比南方要厚。根据建筑等级不同，苫背的厚度和层数也有繁有简。在望板之上要刷护板灰，护板灰之上要铺设掺有滑秸或麻刀的泥背层。泥背之上是灰背层，灰背层是一层结实的硬壳，屋面具备了初步的防雨功能。在灰背之上铺设瓦泥，然后铺设瓦面。苫背层在瓦面铺设好之后就不容易看到了，现在文物维修现场都有制作的苫背层样例，可供学习参考，如图 8-10 所示。

图 8-10　屋面苫背样例

任务二　庑殿建筑木结构

庑殿建筑是古建筑中等级最高的，有前后两坡和两山撒头共四坡屋面。前后坡屋面相交形成一条正脊，两山撒头与前后屋面相交形成四条垂脊，故庑殿又称四阿殿、五脊殿。

扫码听微课

1. 庑殿建筑基本构造

庑殿建筑内部构架主要由两部分组成：正身部分和山面及翼角部分。正身部分构架是支撑前后坡屋面的主要骨架，这部分梁架的构造与硬山、悬山式建筑的正身构架基本相同，都是抬梁式结构。山面及翼角部分的构架支撑两山撒头屋面，是庑殿区别于其他建筑的重点部分。

庑殿建筑为四坡顶屋面，前后两坡屋面的桁檩沿面宽方向排列，搭置在进深方向的梁架上。山面的桁檩沿进深方向排列，它们与面宽方向的梁架平行，和围成一圈。在桁檩上方铺设椽子、望板形成屋面。

面宽方向的桁檩搭在梁上（多为五架梁、七架梁），而进深方向的桁檩不具备搭置在梁架上的条件。为解决山面桁檩的搭置问题，采用在桁檩下面设置顺梁的办法。顺梁，即顺（平行于）面宽方向的梁，与正身部分的梁架成正角。顺梁梁头下用柱支撑，另一侧与金柱相交。若梁下方没有柱子支撑，则改用趴梁法，趴梁指梁头搭置在檩上。顺梁和趴梁是较为常见的庑殿建筑抬升山面梁架的方法，往往组合使用，下方梁架使用顺梁，上方梁架使用趴梁。庑殿建筑木结构，如图 8-11 所示。

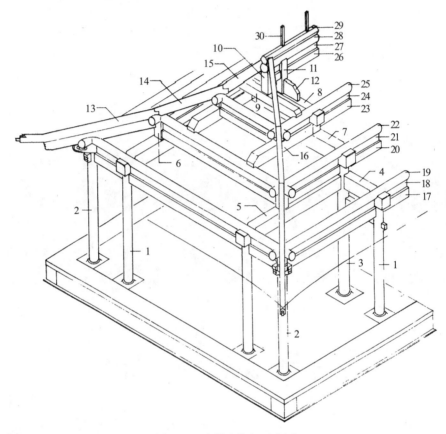

图 8-11　庑殿木构架示意图

1—檐柱；2—角檐柱；3—金柱；4—抱头梁；5—顺梁；6—交金瓜柱；7—五架梁 8—三架梁；9—太平梁；

10—雷公柱；11—脊瓜柱；12—角背；13—角梁；14—由戗；15—脊由戗；16—趴梁；17—檐枋；

18—檐垫板；19—檐檩；20—下金枋；21—下金垫板；22—下金檩；23—上金枋；24—上金垫板；

25—上金檩；26—脊枋；27—脊垫板；28—脊檩；29—扶脊木；30—脊桩

2. 庑殿建筑推山法则

图 8-11 中檐檩到下金檩，山面檐檩到山面下金檩，步架宽度的尺寸是一致的，所以搭在上面的角梁在平面上呈 45°的直线。如果再向上的梁架都是这个角度，那么庑殿建筑的整条垂脊都是呈 45°的直线。但在实际当中，这种例子却非常少见，绝大多数都做了推山处理。推山是指两山屋面向外推出，外观上使得正脊加长，两山撒头屋面更陡。推山之后的庑殿建筑垂脊不再是一条直线，而是一条弯曲的曲线。故宫太和殿垂脊曲线，如图 8-12 所示。

图 8-12　故宫太和殿垂脊

　　木结构推山的方法，是进深方向的步架宽度不变，面宽方向的步架宽度逐步变小，每抬升一层梁架，面宽方向的步架宽度减小到下层步架的 90%。图 8-12 中示例，设檐面各步架宽度均为 x。第一步，山面檐檩到山面下金檩的步架宽度与檐面相同，距离不减少即为 x；第二步，山面下金檩到山面上金檩的步架宽度减少 90%，即为 $0.9x$；第三步，山面上金檩到脊檩的步架宽度再减小 90%，即为 $0.9 \times 0.9 = 0.81x$，以此类推。庑殿推山法则如图 8-13 所示。

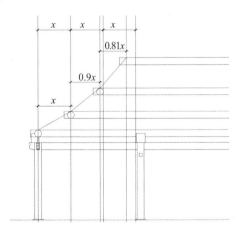

图 8-13　庑殿推山法则

　　庑殿建筑有单层檐和重檐之分，有斗拱和无斗拱之分，檐面各步架宽度有均匀和不均匀之分，功能用途有门庑和宫殿之分，造成庑殿建筑屋面外观大致相同，但其内部构架与柱网排列有很大区别，应视单体案例个别分析。

任务三 歇山建筑木结构

歇山建筑等级仅次于庑殿建筑，是最常见的一种建筑形式。歇山建筑屋面脊的数量最多，木结构也非常复杂。歇山建筑垂脊从正脊两端出发，垂直向前后两侧屋面延伸，在垂脊前端向翼角延伸出戗脊。从正立面观看歇山建筑，脊先向下再向外撇。能展现出这样的造型，说明上层木构架的长度要长于庑殿建筑，短于硬山建筑木构架，有戗脊向外延伸的空间。

扫码听微课

1. 歇山建筑基本构造

组成歇山木结构的形式有很多种，最常见的是踩步金做法。歇山建筑屋顶四面出檐，两侧的屋面也需要有椽子来支撑屋面。山面檐椽一头搭在山面檐檩上，另一头搭在踩步金上。踩步金非檩非梁，是一个正身似梁，两端似檩的构件。其两头搭在交金点上，高度与檐面金檩（下金檩）相当，之上承托挑出的上层木构架。踩部金上有椽子的圆孔，便于定位山面檐椽，这种做法与扶脊木类似。踩部金的下方交金瓜柱，和庑殿建筑类似也由顺梁或趴梁支撑。使用顺梁的歇山木结构，如图8-14所示。

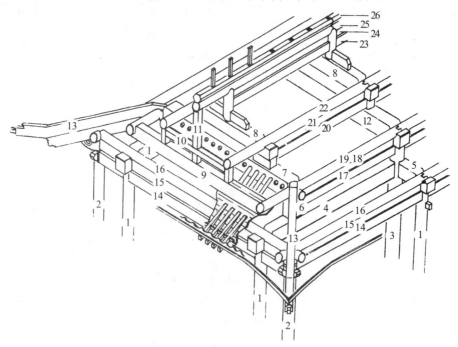

图 8-14 顺梁法歇山木构架示意图

1—檐柱；2—角檐柱；3—金柱；4—顺梁；5—抱头梁；6—交金墩；7—踩步金；8—三架梁；9—踏脚木；10—穿；11—草架柱；12—五架梁；13—角梁；14—檐枋；15—檐垫板；16—檐檩；17—下金枋；18—下金垫板；19—下金檩；20—上金枋；21—上金垫板；22—上金檩；23—脊枋；24—脊垫板；25—脊檩；26—扶脊木

　　体量较小的歇山单体，只有一圈檐柱，往往采用抹角梁来支撑踩步金，这种方法与亭子抬升梁架的方法类似，如图 8-15 所示。

2. 歇山建筑收山法则

　　歇山建筑有脊先向下，再向外撇的外观，说明其上层木构架脊檩、上金檩等的长度要短于下方的木构架。收短的规矩称为歇山"收山法则"，无论大小式建筑，都遵从这个法则。上层木构架延伸到头，在山面有山花板将木构架遮蔽住，分开室内室外空间。歇山的收山法则是指：由山面檐檩（带斗拱的建筑按正心桁）的檩中向内收一檩径，定为山花板外皮的位置，如图 8-16 所示。

图 8-15　抹角梁做法的歇山建筑

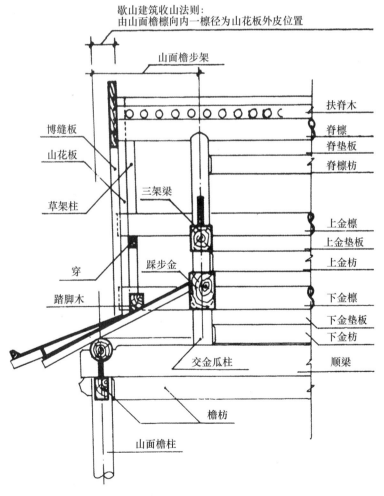

图 8-16　歇山收山法则

歇山建筑木结构还有很多种，如单开间四柱歇山、双脊檩卷棚歇山、前有廊后无廊、前后无廊、前后有廊等多种形式。研究歇山建筑也应视单体案例个别分析。

任务四　硬山山墙艺术造型

歇山、庑殿建筑的墙体厚重沉稳相对变化较少，悬山建筑墙体主要有三种形式已经在项目四中介绍过。硬山建筑的墙体多见于民居，因技术条件、经济条件、规制等级不同，硬山山墙变化多样，艺术造型丰富多彩。项目四中介绍硬山山墙看面由下碱、上身、山尖等部分组成，每一部分都有多种做法。建筑实践中，山墙的艺术造型，就是有多种不同的做法组合而成的。

扫码听微课

1. 下碱

下碱的做法比较固定，原因在于下碱是整面墙体的基础，应使用砖块较大的城砖，砌筑手法应使用等级较高的手法。

2. 上身中心

墙体上身的中心位置，如果不是用整砖砌筑，往往留有抹灰的池子。这种做法成本较低，墙体内部可以用碎砖砌筑，外面用白灰抹平即可。如图 8-17 所示，这段墙体下碱为虎皮石墙，上身为抹白灰池子，墙帽为花瓦顶。

图 8-17　上身为抹白灰池子的墙体

3. 上身两侧

墙体上身两侧位置，较为规矩是五出五进的做法。五出五进指墙体上身开始每五层砖进入、伸出半块砖的艺术造型。比五出五进简单的是没有进出造型的矩形，称为"撞头"。比五出五进更为复杂的是，使用砖套和进出做成的"圈三套五"造型，如图 8-18（c）所示。

(a) 五进五出　　　　　　(b) 撞头　　　　　　(c) 圈三套五

图 8-18　墙体上身两侧三种做法

4. 上身挑檐

墙体上身的挑檐部分有几种特殊做法：砖挑檐、石挑檐、带砖套的石挑檐、琉璃挑檐等做法，如图 8-19 所示。

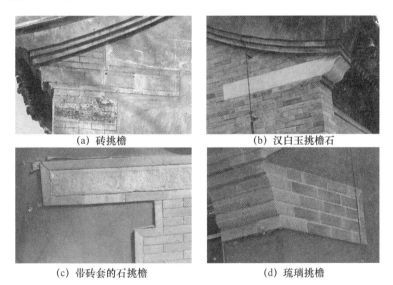

(a) 砖挑檐　　　　　　　　　(b) 汉白玉挑檐石

(c) 带砖套的石挑檐　　　　　　(d) 琉璃挑檐

图 8-19　墙体挑檐部分特殊做法

5. 山尖

山尖部分使用整砖砌筑的称为"过河山尖"。山尖部分也有抹灰的，山尖抹灰和下方墙体上身的抹灰连成一体。有的建筑山尖部分还有雕花的透风，称为"山坠"，如图 8-20 所示。

图 8-20　山尖部分的透风——山坠

6. 墀头

墙体转至正面墀头部分，等级较高的下碱可以使用石材，称为"角柱石"，角柱石上有压面石。下碱和上身通常使用砖砌筑，随墀头宽度变化排砖艺术造型从窄到宽分别是：

（1）总宽为一块砖称为"马莲对"，造型包括一整块和两个半块砖；

（2）总宽为一又四分之一块砖称为"担子勾"，造型包括四分之一块砖在一块整砖的左侧或右侧；

（3）总宽为一块半砖称为"狗子咬"，造型包括半块砖在一块整砖的左侧或右侧；

（4）总宽为两块砖称为"三破中"，造型包括两块整砖和中间为一块整砖两侧为半块砖；

（5）总宽为两块半砖称为"四缝"，造型包括半块砖在两块整砖的左侧或右侧；

（6）总宽为三块砖称为"大联山"，造型包括三块整砖和中间为两块整砖两侧为半块砖。墀头正面也有抹灰的形式。墀头各种做法，如图 8-21 所示。

7. 关于墙体的砌筑等级

（1）干摆墙。砌筑等级最高为干摆墙，也就是"磨砖对缝"的砌筑方法。使用经过砍磨加工的"五扒皮"砖，顾名思义砖的六面有五面需要加工。干摆墙砌筑时每层都要进行打磨，虽然能看到砖与砖之间的分界线，但是测量不出缝隙的宽度。

（2）丝缝墙。丝缝墙体砖缝可以测量出 1～2mm，丝缝墙的砖也需要进行砍磨加工，这种砖称为"膀子面"，加工方法略低于五扒皮。丝缝墙的砖缝之间要做出各种缝隙的造型，这个步骤称为"耕缝"。墙体耕缝后，边界分明整体非常美观。

（3）淌白墙。淌白墙体砖缝更宽，往往能达到 3～4mm，淌白砖的加工也更为简

(a) 狗子咬下碱三破中上身　　(b) 狗子咬下碱狗子咬上身　　(c) 担子勾下碱三破中上身　　(d) 角柱石下碱压面石琉璃狗子咬上身

图 8-21　墀头各种做法

单。淌白既是砖的加工方法，也指墙体的砌筑方法。现在古建筑施工中误认为淌白墙就是白色缝隙的墙，其实这种说法并不准确。

（4）糙砌砖墙。砖不需要砍磨加工，直接砌筑。砖缝往往更宽能达到 5～6mm。

（5）碎砖抹灰。民间建筑百姓往往没有更多的钱盖房，使用旧砖瓦砌墙是很常见的现象。大块的旧砖砌在下面，小的碎砖砌在上面，最后外面用白灰抹平。

（6）仿古贴面。多用于现代仿古建筑，墙体用水泥砌筑，或在原墙体外侧直接贴上仿古贴面砖。文物建筑维修时不应使用这种方法。

除此之外还有土坯砖墙、虎皮石墙、篱笆泥墙等做法。

8. 排砖的艺术形式

使用砖砌筑的墙体，砖的长身露在外面称为顺头，短身露在外面称为丁头。常见的排砖艺术形式有"十字缝"（全顺头）、"落落丁"（全丁头）、一顺一丁、三顺一丁、五顺一丁等，如图 8-22 所示。

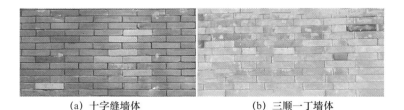

(a) 十字缝墙体　　　　　　　　　(b) 三顺一丁墙体

图 8-22　墙体排砖艺术形式

以上排砖手法在墙体砌筑均称为"卧砖"。将砖最大的一面露在外面，称为"陡砖"，多用于空心墙体或墙体砖造型装饰，如图 8-23（a）所示。将砖的顺头或丁头朝外立着砌筑，称为"甃（zhòu）砖"，多用于窗的上下方，如图 8-23（b）所示。

(a) 墙体陡砖砌筑　　　　　(b) 窗下槛砖砌筑

图 8-23　砖的砌筑方式

任务五　油漆作基础知识

　　在古建筑施工过程中瓦木工撤场之后，就进入油饰环节。油漆工在木构件上进行地仗操作，使得木构件上包裹上一层厚壳，外面再刷油漆进行保护。比较规范的为"一麻五灰"的地仗工艺。人们常以披麻挂灰来形容古建油漆地仗的特色。一麻五灰工艺，即地仗中包括一层麻和五层灰。根据工程的重要程度和不同位置木构件，地仗可以复杂或简化。比如重要的宫殿建筑，可以增加步骤为二麻六灰、一麻一布六灰等。在木装修或较小的木构件上，可以减少步骤为一麻四灰、不使麻四道灰、三道灰等。

扫码听微课

　　一麻五灰工序包括：准备工作、捉缝灰、通灰、使麻、磨麻、压麻灰、轧线、中灰、细灰、油漆。整体施工过程如下：

1. 准备工作

　　准备工作有四步，剁斧、撕缝、下竹钉、汁浆。剁斧指将木构件表面上剁出斧子痕迹，撕缝指将木头原有的裂缝扩大便于填充，下竹钉指使用竹钉将裂缝宽大的地方填充，汁浆指使用动物的血料等混合物刷在木头上增加黏性。

2. 捉缝灰

　　捉缝灰在汁浆干后进行，是地仗工艺的第一道灰。颗粒粗大的灰籽调试好后，将灰抹至缝内，但实际灰大部分浮于缝口表面，并未进入缝的深处，进一步将灰划入缝隙之内；最后，将表面刮平收净。

3. 通灰

　　通灰又叫扫荡灰，在捉缝灰干后进行，是一麻五灰工艺的第二层灰，这层灰需满将构件裹严，灰层平均厚度 2～3 毫米。在上扫荡灰之前要先对捉缝灰进行打磨，使其外形与构件形状协调一致、平整、光滑、棱角整齐。

· 176 ·

4. 使麻

使麻是在地仗层上面粘上一层麻，起加固整体灰层，增强拉力，防止灰层开裂的作用。一麻五灰中的"一麻"，就是夹在第二层灰和第三层灰之间。使麻分为开浆、粘麻、砸干轧、消生、水轧、整理活六个步骤。

5. 磨麻

将麻粘在第二层灰上，等干固之后，不能直接上第三道灰。因为麻表面的黏结剂很光滑，不利于与灰层的结合，故需打磨此层。打磨可使部分麻纤维起麻绒，更有利于与下一层灰的结合，所以磨麻要求一定要磨出麻绒。

6. 压麻灰

压麻灰是一麻五灰地仗的第三道灰层，在磨面之上进行，一般磨麻后不宜立即进行压麻，因在麻层磨之后，尚可进一步干燥，约时隔一二日进行。

7. 轧线

轧线的实质是使用灰料把木构件的边楞和装饰线凸出，修缮时因为木构件的棱角边线已失去原貌，所以大部分棱角边线都是由灰料堆起来的。

8. 中灰

中灰为一麻五灰的第四层灰，在压麻灰后进行，压麻灰完成后地仗已初具形状，以后的工作就是使灰层表面一步步趋向细腻、平整，细部更准确。中灰是细灰前的一层过渡层，以解决粗灰与细灰之间籽粒大小悬殊的问题。

9. 细灰

细灰是一麻五灰工艺的最后一层灰，是决定地仗整体灰壳的平整、细腻和准确程度的一项工作，粗灰、中灰无法做准确的棱角，细部都由细灰解决，这就要求细灰干后便于修磨，并具有一定的厚度。细灰工艺比较细致，在中灰干后要打磨，而且打磨还要求用湿布掸净，以使灰层之间密实结合。

10. 油漆

在地仗完全干固之后，经过钻生，即为使用桐油进行浸润，再刷两至三遍油漆。等油漆完全干透，最后再上一层光油进行保护、提亮，刚刚修缮好的油漆活能反射金色的阳光。除了为古建筑添加色彩起到装饰功能，油漆工艺可有效的保护木结构不受风雨侵蚀。地仗工序，如图8-24所示。

图 8-24　地仗工序

任务六　古建筑木装修

木装修在古建筑行当中属于木作中的小木作。木工施工中承重的
构件称为大木作，不承重的构件称为小木作。木装修构件中有功能性
构件，如门窗等；也有装饰性构件，如楣子、花牙子等；还有更为精
细的木雕刻构件，起到精美装饰建筑物的作用。

扫码听微课

1. 木门

古建筑中的门窗大多安装槛框上，槛框和榻板（窗台）属于木装修中的重要内容，
在之前的章节中已经有所介绍。古建筑木门种类包括实榻门、攒边门、撒带门、屏门
等。封建王朝对于门的要求非常严格，其尺寸是按照封建等级制度约束，门口的尺寸大
小都有严格的规定。

实榻门是用厚木板拼装起来的实心木门，是各种门板中形制最高、体量最大、防卫
性能最强的大门。专门用于宫殿、坛庙、城门等建筑。大门上做地仗和红色油漆，外侧
有门钉和铜制辅首，门内侧安装门栓。故宫博物院太和殿西侧右翼门为实榻门，如图 8-
25 所示。

2. 窗

窗类包括支摘窗、什锦窗等。支摘窗开在槛墙上方，有分割室内外空间的作用，而
什锦窗一般只起装饰作用。古建筑的窗一般设置在槛墙之上，在柱的两侧和枋子之间安
装窗框，窗轴在上方，推开窗户后用木棍支撑，称为"支摘窗"，如图 8-26 所示。

图 8-25　故宫博物院右翼门

图 8-26　支摘窗

　　另外古建筑窗的特点是密封性较低，在冬季来临之前，一般要请裱糊师傅将窗户的缝隙糊严实，冬天悬挂棉帘御寒。

3. 隔扇槛窗

　　隔扇和槛窗是指安装于建筑物金柱或檐柱之间的门，既有装饰功能，又有分隔室内外空间的功能。隔扇由外框、隔扇心、裙板等组成，外框是隔扇的骨架，隔扇心是安装在外框上面的仔屉，通常使用菱花棂条装饰，裙板是安装在外框下部的隔板。常见宫殿建筑四扇隔扇，图 8-27 所示。

图 8-27　隔扇

4. 栏杆楣子

栏杆和楣子一般安装在建筑物檐柱部位。栏杆分两种，一种是二层楼的起安全保护作用的栏杆，外形与石作的勾栏类似，另一种是坐凳上的靠背栏杆。楣子是安装在檐柱中轴部位的装饰物，包括坐凳眉子、倒挂眉子两种，使用各种棂条组成不同的图案，主要起装饰作用，如图 8-28 所示。

图 8-28　倒挂楣子和坐凳楣子

5. 室内木装修

室内木装修有花罩、屏风、碧纱橱等。两间房屋室内相通没有墙体，分割空间就可以使用花罩，花罩以木雕居多，安装在两侧柱子上。雕刻图案以花鸟等吉祥图案居多。还有一种罩为炕罩或称床罩，指在床的周围设立的罩，这种罩还可以挂帘子，起到遮蔽作用，如图 8-29 所示。

图 8-29　落地花罩

屏风是室内分割空间，起遮蔽作用的木装修实物。有单扇的屏风也有，可以折叠的多扇屏风。屏风上下均有木雕，中部可用绘画贴片装饰。可折叠屏风放置在地面上，根据需要折叠或打开，如图 8-30 所示。

(a) 单扇屏风　　　　　　　(b) 多扇可折叠屏风

图 8-30　屏风

碧纱橱是安装在室内的一种隔扇，通常沿着进深方向柱子之间设置，起到装饰和分割空间的作用。每樘碧纱橱由六至十二组隔扇组成。其中两扇是可以对开的门，其他是固定扇，门在关闭时，整樘碧纱橱显得非常美观，如图 8-31 所示。

图 8-31　碧纱橱

6. 天花

天花是指室内屋顶的装饰，一般有井口天花和海墁天花两种。等级较高的做法是做成井口天花，将屋顶做成横纵交织形如"井"字方格，在方格中架设天花彩画。海墁天花用于一般建筑的天花，在屋顶部位悬挂木制顶隔，确定室内最高处的位置，裱糊师傅在木顶隔下进行顶棚裱糊。宫殿建筑中，有的海墁天花还绘制精美的彩画图案。

在大型宫殿建筑天花的中间，还做有造型为方形或圆形的藻井，里面层层设置小斗拱，中间有贴金的龙形雕塑，如图 8-32 所示。

图 8-32　藻井

任务七　石　　桥

桥是古建筑和园林中重要的一个元素，古建中的桥多以拱形石券桥出现。因桥体多以石材为主，故修桥属于石作范畴。石桥各部分名称，如图 8-33 所示。除石桥以外，还有南方的石板桥、木梁桥等多种形式。

扫码听微课

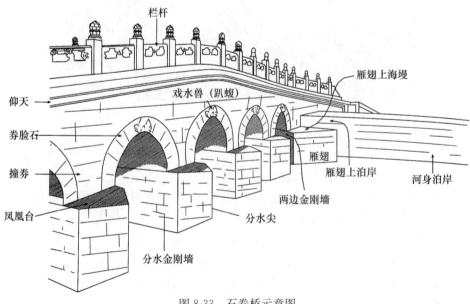

图 8-33　石券桥示意图

北京中轴线地安门北侧的后门桥，就是典型的单孔石券桥，如图 8-34 所示。

图 8-34　后门桥

任务八　塔

塔是一种建筑宗教，随佛教进入我国，塔也逐渐和中国固有的建筑形式相融合。从最简单的经幢，到古寺中的佛塔，再到高层的楼阁塔。历经千年的不断发展，形成了古建筑中一种特殊的建筑类型。古建筑塔的种类丰富，造型各异，北方建筑中绝大多数塔是攒尖建筑造型。

扫码听微课

1. 经幢

经幢是形式最简单的塔状建筑。经幢的体量不大，包含塔座、塔身、宝顶等塔的基本构件。经幢一般分布在寺庙山门、大殿的两侧，上面刻有经文。广化寺山门外经幢，如图 8-35 所示。

图 8-35　广化寺山门经幢

2. 楼阁塔

楼阁塔大多是四角、六角或八角，多层檐的楼阁式攒尖建筑，人可以在塔内部逐层爬升。楼阁塔有木质塔也有砖砌筑的塔。北方官式楼阁塔，塔身是以木结构为主的楼阁，出檐及屋面与其他古建筑房屋一致，也作有脊和瓦面。颐和园佛香阁，就是一个四重檐八角攒尖楼阁塔，如图 8-36 所示。

图 8-36　颐和园佛香阁楼阁塔

3. 密檐式

密檐式塔多是砖砌筑的实心塔。密檐式塔的造型从下至上一般是，须弥座式的塔座，八角十三屋檐的塔身，具有宝顶样式的塔顶。北京通州三教庙燃灯塔，如图 8-37 所示。

图 8-37　北京通州三教庙燃灯塔密檐式塔

4. 覆钵式

覆钵式塔又称为藏式塔、喇嘛塔，主要造型是有收缩的圆柱形塔身。塔座多用体量

较大的方形须弥座台基，塔顶有的有华盖。北海公园白塔，如图 8-38 所示。

图 8-38　北海公园白塔覆钵式塔

5. 金刚宝座塔

金刚宝座塔是一种组合式造型塔，塔下方多有高大的基座，基座上有一组五个塔身。北京五塔寺金刚宝座塔，如图 8-39 所示。

图 8-39　北京五塔寺金刚宝座塔

除以上几种常见类型的塔外，还有各种塔的造型组合式的塔，如覆钵式和密檐式的组合。

任务九　影　　壁

影壁严格意义上是一面墙体，具有基座、下碱、上身、墙帽等墙体的基本造型。影壁体现中国传统思想中内敛、外不示人的文化内涵，逐步演化为一种特殊的建筑形式。

扫码听微课

1. 院内影壁

院内座山影壁位于四合院进入大门的位置，站在院落门口向内看即可看到。因其后面是靠在东厢房的山墙上，故称为座山影壁，如图 8-40 所示。

图 8-40　座山影壁

院内一字影壁一般位于二进院垂花门后，起到遮挡视线的作用，进入院落之后不能直接看到正房。如不用独立影壁墙，也可用垂花门的后门、木质的屏风隔扇等遮挡。陶然亭公园慈悲庵院内一字影壁，如图 8-41 所示。

图 8-41　陶然亭慈悲庵院内一字影壁

2. 门外影壁

门外影壁一般位于建筑群大门对面，彰显大门等级高，其象征意义大于实际作用。门外影壁有一字影壁和八字影壁等几种。门外一字影壁在项目七图 7-17 已经展示。在一字影壁两侧延伸出一段斜角墙体，组成汉字"八"的形状，称为门外八字影壁。广化寺山门对面，鸦儿胡同南侧八字影壁，如图8-42所示。

图8-42　广化寺门外八字影壁

3. 门侧影壁

在大门两侧增加的斜角影壁墙体，称为"撇山影壁"，在级别较高的民居大门中使用，北京文丞相祠大门在悬山大门两侧搭配撇山影壁，如图8-43所示。王府大门等多开间屋宇式大门，两侧影壁可搭配等级更高的"一封书影壁"，其特点是在大门两侧先出一段直墙影壁，再出一段斜角影壁，故宫乾清门一封书影壁，在项目四图4-15已有展示。

图8-43　文丞相祠大门撇山影壁

任务十 牌 楼

牌楼起源于街巷口的门牌，最早可以追溯到周朝时期，在城口悬挂旌表的建筑物。牌楼造型南北各异形式多样，北方官式牌楼使用木制或石制牌楼居多。

扫码听微课

1. 木质牌楼

北方官式木质牌楼从下至上大致为月台、夹杆石、柱、额枋、斗拱、屋面。

牌楼的台基称为月台，一般月台高度不高，只有一阶，多使用礓磋步道。为了稳固牌楼，柱子延伸到地下，并且在月台处有石材进行固定，体量较小的使用两块夹杆石固定，体量较大的在夹杆石中间还有两块厢杆石。体量更大的柱子两侧有倾斜的戗杆辅助支撑，戗杆接触地面的部分有戗杆石。柱有柱出头和柱不出头两种形式。

牌楼的木结构多用大式建筑的大小额枋、垫板等，跨越明间正中的额枋可称为龙门枋，高度较高的牌楼往往有多层额枋。各开间额枋之上使用出踩较多，造型独特的"牌楼斗拱"展开屋面。屋面类型多用一正脊四垂脊的庑殿屋面。由于牌楼屋面展开位置有限，两侧垂脊往往短小，撤头不大。明间门楼称为明楼，明楼两侧称为次楼，两侧称为边楼，这三个楼较大，中间还有夹在两楼之间较小的门楼，称为夹楼。

牌楼的彩画多用旋子彩画或和玺彩画。牌楼构造如图 8-44 所示。

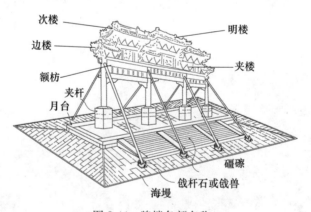

图 8-44　牌楼各部名称

在描述牌楼时，以柱的数量、开间数量、楼的数量，柱子出头不出头依次描述。如：颐和园云辉玉宇牌楼，可描述为：四柱三间七楼柱不出头式牌楼，如图 8-45 所示。

香山公园琪林牌楼可描述为：四柱三间三楼柱出头式牌楼，如图 8-46 所示。

图 8-45　颐和园云辉玉宇牌楼

图 8-46　香山公园琪林牌楼

2. 石牌楼

石制牌楼多用石制月台、须弥座、石刻券门。墙体上身抹红灰或用琉璃砖砌筑。额枋斗拱都以石材或琉璃仿木构件。如北海公园西天梵境华藏界牌楼是四柱三间七楼琉璃牌楼，如图 8-47 所示。

图 8-47　北海公园西天梵境华藏界牌楼

民国时期白色石材和蓝色琉璃屋面牌楼，如中山公园保卫和平牌楼是四柱三间三楼石牌楼，如图 8-48 所示。

图 8-48　中山公园保卫和平牌楼

3. 牌楼群

牌楼放置有单个形式出现的，也有两个对称的牌楼，或四个围成一组牌楼群出现的形式。如景山公园寿皇殿景区门口，就是三组牌楼与一组宫门围合的牌楼群形式，如图 8-49 所示。

图 8-49　景山公园寿皇殿景区门口多牌楼组合

任务十一　雕　　刻

雕刻是古建筑中的重要组成部分，雕刻类型包括木雕、石雕、砖雕等。木雕大部分出现在木装修中，包括垂花门、雀替、门窗、隔扇、楣子下的花牙子等。石雕主要集中在台基的栏杆、望柱、石碑、须弥座、石像等。砖雕是雕刻中的一大分支，在旧时专门有一批人靠砖雕谋生。古建筑形制等级森严，很多官宦富商不能使用等级更高的做法，

扫码听微课

又希望彰显自己的财富，故而在砖雕上大做文章。尤其在如意门上、垫花、盘头、戗檐砖、博缝头、象鼻、门楣等处都有砖雕，如图 8-50 所示。

图 8-50　带砖雕的如意门

　　至此我们已经学习了明清时期北方官式古建筑几百个知识点，对古建筑有了初步的了解。可以看出来，古建筑的每个部位都有多种做法，建筑单体都是这些做法的组合。严格地说，中国古建筑按其地理位置、选材用料、施工工艺的不同，每一个建筑都是独特唯一的。建筑单体存在就有意义，学习古建筑要以开放的眼光，接纳现存的做法，尝试分析兴建时的经济、技术环境，这样就能理解文物各部做法的不同。后续课程再研究木、瓦、彩画等各种构件的权衡尺寸、制作方法、安装技术、修缮手段。在学习这些内容的基础上，地理位置扩展到全国，学习岭南、西域的古建筑，时间向上追溯唐宋、秦汉时期的古建筑，这样才能完整地学习中国古建筑技术，传承中国传统建筑文化。

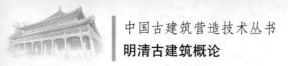

参考文献

[1] 梁思成 . 清式营造则例 [M]. 北京：中国建筑工业出版社，1981.

[2] 马炳坚 . 中国古建筑木作营造技术 [M].2 版 . 北京：科学出版社，2003.

[3] 刘大可 . 中国古建筑瓦石营法 [M].2 版 . 北京：中国建筑工业出版社，2015.

[4] 边精一 . 中国古建筑油漆彩画 [M].2 版 . 北京：中国建材工业出版社，2013.

[5] 王希富 . 中国古建筑室内装修装饰与陈设 [M]. 北京：化学工业出版社，2021.

[6] 刘全义 . 中国古建筑瓦石构造 [M]. 北京：中国建材工业出版社，2017.

[7] 薛玉宝 . 中国古建筑概论 [M]. 北京：中国建筑工业出版社，2014.

[8] 汤崇平 . 中国传统建筑木作知识入门 [M]. 北京：化学工业出版社，2021.

[9] 白丽娟，王景福 . 古建清代木构造 [M].2 版 . 北京：中国建材工业出版社，2014.

[10] 中华人民共和国住房和城乡建设部 . 传统建筑工程技术标准：GB/T 51330—2019 [S]. 北京：中国建筑工业出版社，2019.